KB018471

앙코르와트에서
한 달 살기

앙코르와트에서
한 달 살기

초판 1쇄 인쇄 ㅣ 2019년 1월 10일
초판 1쇄 발행 ㅣ 2019년 1월 21일

글·사진 ㅣ 황병욱

발행인 ㅣ 김남석
발행처 ㅣ ㈜대원사
주　소 ㅣ 06342 서울시 강남구 양재대로 55길 37, 302
전　화 ㅣ (02)757-6711, 6717~9
팩시밀리 ㅣ (02)775-8043
등록번호 ㅣ 제3-191호
홈페이지 ㅣ http://www.daewonsa.co.kr

ⓒ 황병욱, 2019

Daewonsa Publishing Co., Ltd
Printed in Korea 2019

ISBN ㅣ 978-89-369-2106-4

이 책의 국립중앙도서관 출판시 도서목록(CIP)은 e-CIP홈페이지(http://www.nl.go.kr/ecip)에서
이용하실 수 있습니다. (CIP제어번호 : CIP2019000298)

앙코르와트에서
한 달 살기

글·사진 ǀ 황병욱

대원사

한때,
뜨겁게 타올랐던
'한낮'을
만나러 간다.

가자, 앙코르와트로

중·고등학교부터 잉카제국에 대한 책을 읽었다. 잉카인들의 위대하고 신비로운 이야기를 접하면서 자연스레 쿠스코를 꿈꾸게 되었다. 그리고 티티카카호에 대한 호기심이 생겨났다.

학창시절 잉카제국의 이야기가 스무 살이 되면서 앙코르와트로 옮겨갔다. 앙코르와트는 기사를 통해서 접하게 되었다. 앙코르와트 복원을 시작하기로 했으며 당분간 몇 년은 관광객 입장을 받지 않는다는 기사였다. 그때부터 막연하게 앙코르와트를 동경하기 시작했다.

영어에 대한 울렁증이 심해 태어나 40년 넘게 해외에 한 번도 나가지 못했었다. 그러다 마흔 살이 되자 더 이상 미룰 수가 없었다. 용기가 생겼다고 할까. 불경기를 심하게 타고 있는 회사에 보탬이 되고자 스스로 사표를 정중히 제출하고 여행 상품을 뒤졌다. 패키지여행에 대한 단점들을 들은 터라 자유여행을 찾아봤지만, 역시 두려움은 사라진 것이 아니었다. 영어가 되지 않고, 미지의 세계에 대한 공포심이 몰려왔다. 안전하다고 생각한 패키지여행 상품을 골랐다. 그리고 베트남 하롱베이와 앙코르와트가 묶인 상품을 선택했다. 그렇게 해외 첫 여행이 시작되었다.

베트남 하롱베이를 거쳐 앙코르와트가 있는 시엠립 공항에 도착했을 때 순간 멈칫했다. 시엠립이라는 땅에 첫발을 내디딜 때 알 수 없는 무언가가 훅 하고 들어왔다. 이런 것을 운명이라고 하는 것일까. 첫사랑을, 운명의 인연을 마주하면 전율이 인다고 하는데……. 아, 그런 전율은 아니었다. 그러나 시엠립 공항에 처음 내렸을 때를 아직도 잊지 못한다. 캄보디아만이 가지고 있는 흙냄새를 맡았던 거 같다.

그 후로 줄곧 나는 캄보디아를 '대지(大地)의 땅'이라고 생각한다. '대지의 땅'이라는 표현 자체가 동의어 반복에 모순이 있지만 대지의 여신 가이아(Gaia)의 품속으로 안긴 느낌이었다.

이곳에 오면 묘한 감각을 느낄 수 있을 것이다. 처음에는 이것이 무엇일까 궁금해하면서 딱히 뭐라 딱 부러지게 잡히지 않는 것이 있다. 나중에야 알았다. 이곳의 시간은 천천히 흐르고 있다는 것을. 단지 차들이, 오토바이들이 느리게 움직이기 때문이 아니다. 거리를 걷다 보면 뛰어다니는 사람을 볼 수 없다. 찻길을 건널 때는 더욱이 뛰면 안 된다. 느리지만 그들만의 질서가 있고, 그 질서는 마치 완벽한 만다라의 순환처럼 그들의 삶속에서 움직이고 있었다.

이동할 때마다 버스 창밖으로 언제 쓰러질지 모르는 판자로 엮은 시커먼 집들이 띄엄띄엄 보였다. 그 집들에는 알록달록한 꽃이 피어 있는 화분이 놓여 있었다. 세계 최대 빈민국인 캄보디아의 행복지수는 세계 10위 안에 든다고 한다. 삶이 넉넉하지 않아도 그들은 꽃과 화분을 키우고 있었다. 그들이 행복한 이유는 무엇일까.

상대방이 새로운 물건을 하나 사서 자랑을 하면 그들은 너무 좋겠다는 표현을 한 뒤 바로 '나는 그것 없어도 행복해' 하며 뒤돌아선다. 자신보다 더 많이 가진 사람들을 부러워하지 않는 것. 물질에 욕심을 내지 않는다는 것. 그것 없어도 충분히 살고 있고, 살 수 있으며 또 행복하다는 것. 어떻게 보면 이런 질투와 시기, 욕심, 욕망이 없어서 빈민국에서 벗어나지 못하는 것일 수도 있겠지만 그로 인해 내 안의 행복을 저당잡힌다는 것을 그들은 이미 오래전에 깨달은 것인지도 모른다.

베트남에서는 "기브 미 원 달라!"라며 관광객들만 보면 벌 떼처럼 아이들이 달려들었다. 하지만 캄보디아에서는 팔찌며 목걸이를 관광객들에게 내밀며 "원 달러!"라고 말한다. 노동의 대가를 치르겠다는 것이다. 구걸하듯이 손을 내밀지 않는다.

캄보디아에서 아버지들의 벌이가 하루에 10달러가 채 되지 않는다. 그런데 아이가 관광객들을 상대로 10달러 이상을 벌면 아버지를 무시하면서 위계질서가 무너지게 되고, 또 아이들이 돈을 잘 버니까 학교에 가지 않는다. 세계 어디나 아이들은 그 나라의 미래. 아무 생각 없이 1달러를 아이의 손에 쥐어 주는 순간 캄보디아의 미래가 죽어가고 있는 것이다. 나중에 알았지만 캄보디아 압사라위원회에서 〈관광객들의 행동수칙〉이라는 것을 만들어 배포했다. 그 안에 아이들에게 돈을 주지 말라는 내용이 있다.

짧지만 무척 여운이 남은 앙코르와트 패키지여행을 마쳤다. 그리고 일주일, 열흘 정도 시간을 내서 위대한 크메르 제국이 이룩한 앙코르 문화를 다시 찾아야겠다고 생각했다.

유럽이나 다른 선진국과는 달리 한국에서는 일주일, 열흘 정도의 휴가를 낼 수가 없다. 연차와 월차를 최대한 끌어 모으면 보름 이상의 기간이 되지만 회사 측에서는 이를 용납하지 않는다. 눈치에 눈치를 보며 짧게 틈틈이 앙코르 땅을 몇 번 밟았다.

유적지를 어느 정도 탐닉하고 나자 이들의 삶이 궁금해졌다. 이번에는 제대로 그들의 삶에 녹아들어보기로 했다. 어렵게 들어간 회사에 다시 사의를 표한 하얀 봉투를 떨리는 손으로 내밀었다.

황병욱

여행에 필요한 정보 1

경비

필요 경비

» **비자** : 30달러(사진 1장 필수)

» **앙코르 유적지 입장료** : 1일권 37달러, 3일권 63달러(2018년 11월 가격)

» **프놈 꿀렌** : 20달러

  벵 멜리아 : 5달러(앙코르 티켓 적용 안 됨, 별도 입장료)

» **숙박비** : 1박 20~35달러(호텔마다 가격 차이 큼. 평균 가격임.)

» **식대** : 길거리 음식 → 2~3달러, 일반식당 → 5달러, 카페/레스토랑 → 6~8달러 이상

» **교통**(1일)

  자전거 : 3~5달러(자전거 모델에 따라 다름.)

  오토바이 : 10달러(헬멧 착용 필수, 단속 있음.)

  뚝뚝이 : 15~20달러/공항에서 시내 7~10달러(공항에서 대기 중인 뚝뚝 이용 시 추가비 있음.)

  택시 및 승합차 : 40달러 / 프놈 꿀렌 80달러

» **똔레삽** : 보트 대여 10달러, 입장료 1인당 20달러(앙코르와트 티켓 적용 안 됨. 보트 대여비와 별도로 계산. 개인일 경우 현지 관광 프로그램(호텔 문의)을 이용하면 가격이 저렴함.)

기타 경비

» **팁** : 호텔 팁, 교통 팁, 식당 팁 등 각종 팁은 선택 사항
(불이익 없음.)

» **식수** : 물은 호텔에서 제공하는 것과 마트에서 구입해서 마시기
를 권장

» **커피** : 1~2달러(테이크아웃도 동일)

» **맥주**(앙코르 비어) : 2캔 1달러(마트보다 길가에 있는 구멍가게가
훨씬 쌈.)

» **술** : 와인, 양주, 중국 술, 정종 등은 럭키몰 및 아시아마켓에서
구입. 면세점보다 저렴함.

» **담배**(1보루) : 국산 7달러, 말보로 9달러, 마일드 세븐 12달러(담
배 가격이 가게마다 다르니 올드마켓에서 구매)

» **과일** : 과일은 어디서 사든 질은 좋으나 관광객들이 이용하는
곳은 당연히 비쌈.

복장 및 준비물

» 비자 발급용 사진(여권 사진과 동일한 것으로 준비)

» 반팔, 반바지, 얇은 긴팔 셔츠(실내 에어컨 가동, 낮에 햇빛 알레르
기 방지 등), 슬리퍼, 모기 기피제, 선글라스, 손수건, 모자, 선크
림, 세면도구(칫솔, 치약, 비누, 바디로션), 충전기

» 전기 220V 사용. 국내 전기 콘센트 그대로 사용할 수 있음.

» 비상약 : 소화제, 지사제, 일회용 밴드, 감기약(실내 에어컨 가동으로 외부 온도차), 물파스(벌레 물렸을 때)
» 공항 출입 시 100㎜ 이상 액체류 반입 금지
» 날씨는 건기와 우기로 나뉨. 건기는 11월~2월까지로, 관광객이 많은 성수기임. 우기는 3월~10월로, 한국의 소나기나 스콜처럼 한 차례 폭우가 내림. 시원하게 비를 맞아도 비가 그치면 금방 옷이 다 마름.

환전

» 현지에서 달러 사용이 가능함.
» 공항보다는 주거래 은행, 혹은 사설 환전소에서 환전하는 것이 시세보다는 저렴함.
» 최대한 잔돈 준비. 고액권보다 소액권 이용. 현지 은행에서 고액권을 소액권으로 교환 가능
» 주로 1달러 사용. 식사 및 팁, 음료 등 1달러 사용을 많이 함.
» 뚝뚝 이용 시 근거리 2~3달러, 먼 거리 5~15달러 정도 요금이 나오니 잔돈이 필요함.
» 현지식으로 식사할 때 한 끼니에 5달러 미만이니 잔돈 필요, 한국식 및 서양식은 한 끼니에 1인당 7~10달러 정도, 평양식당은 2인 이용 시 30달러 이상
» 50달러, 100달러짜리는 주로 숙소 계산할 때 필요

» 헌 돈과 2달러짜리는 받지 않음(혹시 2달러짜리를 가져갔을 때에
   는 현지 사설 환전소에서 교환. 은행에서도 2달러짜리와 헌 돈은 교
   환해 주지 않음.).
» 분실 방지를 위해 돈은 분산하여 보관
» 소매치기 주의. 펍스트리트나 올드마켓 이용 시 귀중품 주의

숙소

　숙박 애플리케이션을 이용. 가격차가 심하므로 직접 숙소를
둘러보고 결정하는 것이 좋음. 시내에 있는 숙소는 창을 열 수 없
을 정도로 건물들이 다닥다닥 붙어 있고, 선풍기 있는 방과 에어
컨 있는 방의 가격이 다름. 같은 가격이라도 시설 및 서비스, 조식
제공 여부가 각각 다르므로 발품을 팔 수밖에 없음.

식당

» **길거리 식당**(현지인 식당) : 가격이 저렴하고, 다양한 쌀국수와
   볶음밥, 덮밥, 샤브샤브, 바비큐 등을 먹을 수 있음.
» **펍스트리트**(나이트마켓) : 관광객들이 찾는 곳으로, 서양 식당이
   밀집해 있음. 카페 '피아노'는 안젤리나 졸리가 즐겨 찾은 곳으
   로 유명함. 가격이 비싼 편임.
» **한국식당** :
   대박 : 배낭 여행자에게는 성지 같은 곳임. 배고픈 배낭족들을

위해 무한 삼겹살을 제공하면서 유명해짐. 이전에는 펍스트리트에서 영업을 했으나 지금은 타라 앙코르 호텔 찻길 건너 컨테이너 나이트마켓에 2층짜리 건물을 지어 영업하고 있음. 프놈펜에도 체인점을 오픈.

수원식당 : 앙코르 아트 트레이드센터에 위치. 매일 메뉴가 바뀌는 백반이 있음. 뼈다귀 해장국부터 보쌈까지 백반 메뉴로 즐길 수 있으며 4달러임. 모든 메뉴가 포장이 가능해서 끄발 스피언이나 프놈 꿀렌 갈 때 도시락으로 지참해서 가면 좋음.

※ 음주 시 카페나 술집보다는 맥주를 사와서 숙소에서 마시는 것이 안전

주의사항

» 길을 건널 때 절대 뛰지 말 것. 오토바이나 자동차가 알아서 피해 감.

» 외국인이 친절하게 말을 걸어오면 소매치기일 가능성이 높음.

» 경찰서에 가게 되면 피해자라 하더라도 돈을 주고 나와야 함.

» 치안은 좋은 편이나 웬만하면 밤늦게까지 혼자 돌아다니지 않는 것이 좋음.

» 쇼핑 시 무조건 제값 주고 사지 말 것. 바가지 심함.

» 아이들의 머리를 쓰다듬지 말 것. 머리에 영혼이 깃들어 있다고 생각하여 싸움이 일어날 수 있음.

앙코르 생활 정보

한인회

시엠립에는 한인이 평균 800~1,000명 정도 거주하고 있다. 이들이 모여서 한인회를 만들었고, 여러 가지 도움을 주고 있다. 여행을 하면서 피치 못할 사건 사고가 생길 수 있다. 여행자 보험을 들었다 하더라도 당장 현지에서 도움이 필요한 경우가 있다. 이때 한인회에 도움을 받으면 좋다. 위치는 앙코르 아트 트레이드센터 안에 있다.

- » 근무시간 : 월요일~금요일(법정 공휴일(캄보디아/대한민국) 휴무)
  오전 08:00~11:00 오후 14:00~17:00
- » 연락처 : 011-983-503 / 092-146-430
- » 사건 사고 전화 : 김태환 017-925-388
- » 대사관 분관 : 이진곤 092-972-218

숙소 서비스 이용
(손톱깎이, 레이드, 자전거 대여, 관광안내)

장기여행을 하다 보면 또 다른 일상으로 이어진다. 단기여행

에서는 필요 없는 것들이 장기여행에서는 필요하게 된다. 이럴 때 간단한 것들은 숙소에서 구해 보자. 손톱깎이나 방충제 같은 것은 얼마든지 숙소에서 구할 수 있다. 캄보디아는 모기가 많다. 밤에 모기 때문에 잠을 못 잔다면 프런트로 내려가서 레이드(Raid)를 달라고 하면 된다. 시엠립에는 미장원이 많고, 미장원에서 손톱도 관리해 준다. 손톱 관리 비용은 1달러지만 프런트에서 손톱깎이를 빌려달라고 하면 얼마든지 빌릴 수 있다. 이 밖에도 자전거 대여, 관광안내 등 간단한 것들은 숙소에서 해결할 수 있다.

우체국(1달러, 15일 소요)

외국에서 오래 체류하다 보면 많은 생각이 든다. 나를 되돌아보는 계기도 되고, 복잡하게 얽혀 있던 일들을 차분하게 정리하는 시간도 갖게 된다. 이럴 때 현지 엽서를 구입해서 나에게 엽서를 보내보는 것도 좋다. 한국으로 돌아가서 받게 될 나에게 엽서를 보내는 것이다. 스탬프가 찍힌 현지 우표와 엽서의 내용은 단순한 기념품을 넘어서 또 다른 나의 기록이 된다. 부모님이나 친구, 연인에게 깜짝 선물로 엽서만큼 좋은 것도 없다. 실제로 우체국에 가면 엽서를 보내는 관광객들과 마주치곤 한다. 위치는 국립박물관에서 시엠립 강가를 따라 펍스트리트 쪽으로 가다 보면 오른쪽에 있다.

천주교 성당

종교가 없는 사람들은 상관없지만 종교가 있는 사람들은 주일을 지켜야 한다. 외국에서 드리는 미사는 생소하면서 의미심장하다. 외국에 나가면 모두가 애국자가 된다고 한다. 그리고 냉담자는 다시 신앙을 찾게 된다. 시엠립에는 천주교 성당이 있다. 한국인을 위한 미사도 있다. 위치는 국립박물관에서 시엠립 강 건너편에 있다.

» 주일미사 : 토요일 저녁 6시 30분(영어) / 주일 오전 7시 30분(캄보디아어)
» 평일미사 : 월~목 새벽 6시 15분 / 금요일 저녁 6시 30분
» 한인미사 : 매월 셋째 주일 오전 11시

사원

 앙코르와트 유적지를 다녀보면 알겠지만 캄보디아는 힌두교
와 불교가 번갈아가며 국교였던 나라다. 지금은 국가기관 중에
종교부가 있을 정도로 국민 90% 이상이 불교신자다. 그러나 시엠
립에는 기독교 교회도 많고, 이슬람 사원도 있다. 앙코르와트 자
체는 힌두 사원이었다. 앙코르와트에 놓여 있는 불상은 현대에
조성된 것이다. 시엠립을 돌아다니다 보면 크고 작은 사원들을
만날 수 있다. 사원에서는 학교를 함께 운영하고 있다. 학교 수만
큼 사원이 있다고 생각해도 된다. 어느 숙소에 머물든지 5~10분
만 걷다 보면 불교 사원을 만날 수 있다.

빨래방 / 휴대폰

오래 체류하다 보면 갈아입
을 옷이 문제다. 짐을 줄이고자
간단하게 갖고 온 옷을 그대로
입을 수 없다. 하루에도 몇 번씩
땀을 흠뻑 흘리기 때문에 자주
세탁을 해 줘야 한다. 숙소 세탁
서비스를 이용해도 되는데 비
용이 제각각이다. 숙소 밖에 있

는 빨래방은 1㎏에 1달러다. 숙소의 세탁 서비스와 빨래방 가격
을 비교해서 선택하면 된다.

휴대폰 유심은 평균 10달러에 데이터 통화료 2달러다. 길거리
어디서든 유심과 데이터 통화료를 구입할 수 있다. 휴대폰 매장
뿐만 아니라 일반 편의점에서도 데이터 통화료 시리얼 넘버를 판
매한다.

한국어 가이드

홀로, 혹은 친구나 가족과 자유여행을 왔다면 한국어 가이드
를 이용해 보는 것도 좋다. 현지인 한국어 가이드는 한국어를 잘
하기 때문에 의사소통에 문제가 없다. 게다가 한국인 가이드보다
저렴하다. 필요한 물건이 있으면 현지인 한국어 가이드에게 부탁

하면 바가지요금도 피할 수 있다.
상황버섯이나 커피 같은 것은 현
지 가이드에게 부탁하면 훨씬 싼
가격에 구입이 가능하다. 이왕이
면 차도 함께 운영하는 한국어 가
이드를 이용하면 가격 절충을 할
수 있다.

» 한국어 가이드 : 비스나(Sok Veasna)
카카오톡 : Veasna1010Guide +855 988-181-56
블로그 : https://guideveasna.blog.me

숙소

시엠립에는 정말 많은 숙소가 있다. 이곳을 다 돌아다니면서
확인할 수는 없다. 하루에 7달러부터 100달러가 넘는 곳도 있다.
저렴한 숙소가 모여 있는 곳이 따로 없다. 처음 머물렀던 숙소는
15달러였는데, 바로 옆 숙소는 50달러였다. 위치나 주변 환경은
똑같다. 내부 시설에서 차이가 나겠지만 어디까지나 개인 취향이
다르므로 각자가 원하는 곳에 머물러야 한다.

〈수원식당〉에서 운영하는 하숙방은 한 달에 300달러. 원룸
에 화장실이 있고, 하루에 식사 한 끼(아침, 점심, 저녁 택1)를 제공
한다.

시엠립 아파트는 시설에 따라 다르다. 한국의 빌라를 생각하면 된다. 오래된 건물에 원룸이고 위치도 시내에서 떨어져 있는 곳은 한 달에 300달러다. 시내 중심가에 새로 생긴 아파트 원룸은 한 달에 500달러인데, 내부에 수영장이 있고 24시간 경비가 근무를 선다. 시내에서 조금 떨어진 곳에 있는 아파트는 투룸에 화장실 두 개, 거실·부엌이 있는데 한 달에 500달러다. 관리비와 수도세, 전기세는 아파트마다 따로 계산하는 곳도 있고, 월세에 포함된 곳도 있다.

쇼핑몰(T갤러리, 럭키몰, ATC 슈퍼마켓)

시엠립에서 관광객들이 쇼핑을 즐기러 가는 곳은 나이트마켓과 올드마켓, 그리고 펍스트리트에서 시엠립 강 건너에 있는 아트마켓 등이다. 하지만 이곳은 관광객들을 상대로 하기 때문에 대부분 바가지요금을 감수해야 한다. 품질 또한 그렇게 훌륭하지 않다.

시엠립에서 제일 큰 쇼핑몰은 럭키몰(Lucky Mall)이다. 패션잡화부터 슈퍼마켓까지 있다. 슈퍼마켓에는 와인이 정말 많다. 청과, 채소, 가공류 등 없는 것이 없다. 새해나 기념일에는 자체 세일 이벤트도 한다. 올드마켓보다 신선하고, 깔끔하다.

ATC 슈퍼마켓은 생긴 지 얼마 되지 않았다. 1층에 아이스크림 가게와 피자집, 마트와 패션잡화가 있다. 마트는 럭키몰보다 작다. 패션잡화는 나이트마켓이나 올드마켓보다 품질이 좋다. 나이키 같은 메이커도 취급한다.

시엠립 시내에는 면세점이 없을까? 있다. 한국 패키지여행에는 면세점 쇼핑이 들어가 있지 않다. T갤러리는 시엠립에 있는 면세점이다. 한국에 있는 면세점과 다르지 않게 중국인들로 북적인다. 이곳은 공항 면세점보다 세일을 많이 하고 있기 때문에 가격이 더 저렴하다. 게다가 규모가 커서 훨씬 많은 상품들을 판매하고 있다. T갤러리를 갈 때는 여권(복사본도 됨.)과 비행기 예약권(E티켓 프린트)을 가지고 가야 한다. 여권만 있고, 출국하는 비행기 예약권이 없으면 상품을 구매할 수 없다.

화폐 환율(4,000리라 → 1달러)

시엠립에서는 달러가 통용된다. 특별히 캄보디아 돈으로 환전할 필요가 없다. 1달러가 캄보디아 돈으로 4,000리라다. 1달러를 1천 원이라고 가정하면 1,000리라가 250원인 셈이다. 한국과 다르게 환율 적용을 하지 않는다. 빈부 격차가 크기 때문에 저소득층을 위해 국가에서 통화정책으로 환율을 적용하지 않는다고 한다. 환율 변동 없이 1달러 → 4,000리라를 유지한다. 가끔 잔돈을 캄보디아 돈 100리라, 500리라짜리로 거슬러주는데, 너무 적은 액수라고 하더라도 받는 것이 좋다. 간혹 길거리에서 파는 현지 음료가 500리라인 것들도 있다. 잔돈은 계산할 때 달러와 섞어서 쓰면 작은 액수라도 새는 돈을 막을 수 있다.

도로 상황
(자전거 탈 때, 찻길 건널 때 일방통행을 지키자)

시엠립에는 신호등이 없다. 방콕과 프놈펜을 이어 주는 6번 도로 외에는 신호등을 볼 수 없다. 찻길을 건널 때 특히 주의해야 할 것은 절대 뛰면 안 된다. 주변에 다른 사람들이 있으면 같이 따라서 건너면 되지만 그렇지 않으면 일정 속도로 천천히 걸어야 한다. 찻길을 건너는 사람들의 속도를 보고 오토바이와 승용차가 속도를 줄이거나 알아서 피해 간다. 시엠립에서는 과속하는 차량이 없다. 길을 건널 때에는 천천히 걸어서 건너자.

자전거를 타고 다닌다면 오토바이들이 진행하는 방향의 도로를 타고 가야 한다. 역주행을 하게 되면 누군가에게 "No way!"라는 소리를 들을 것이다. 짧은 거리를 간다고 하더라도 역주행이 아닌 일방통행 도로를 타야 한다. 시엠립은 우측통행이다.

그밖의 팁

앙코르 국제병원 시엠립에 있는 국제병원. 시엠립에는 병원이 많다. 어린이 전문병원부터 국제병원까지. 한국에서 의료 지원을 나온 병원도 있다.

악기점 통기타부터 일렉트릭 기타, 키보드, 앰프 등 다양한 악기와 음향기기를 판매한다.

신발가게 앙코르 아트 트레이드센터 안에 있는 신발가게. 샌들, 구두, 운동화, 핸드백 등이 10달러 균일가다.

박스빌 민속촌 근처에 있는 펍스트리트다. 현지인과 중국 관광객들이 주로 이용한다.

숙박 시엠립에는 숙박 요금이 제각각이다. 발품을 팔수록 저렴한 가격으로 더 쾌적하고 좋은 숙소에 머물 수 있다.

시엠립 컨테이너 나이트마켓 컨테이너로 만든 각 나라 음식점과 옷가게가 모여 있는 곳이다. 저녁에는 무대에서 밴드가 라이브 공연을 하고, 아이들이 놀 수 있는 놀이기구도 있다.

숙소 열쇠 숙소 대부분은 키를 꽂아야 전기가 돌아간다. 외출할 때도 냉장고와 에어컨을 가동시키려면 키만 분리해서 갖고 다니면 된다.

〈수원식당〉 백반 감자탕부터 보쌈까지 매일 메뉴가 바뀐다. 무엇을 먹을까 고민할 필요 없이 백반만 먹어도 배가 부르다. 백반 가격은 4달러다.

시엠립 강변 산책로 시엠립 강변을 따라 산책로가 조성되어 있다. 한적하고 그늘이 있어서 산책하기에 좋다. 국립박물관에서 펍스트리트까지 이어져 있다.

앙코르와트 가는 길 이번 여행에서 제일 좋았던 것이 자전거를 타고 다니는 것이었다. 자전거를 타고 여기저기 다니다 보면 자기 나름대로 하이킹 코스를 만들게 된다.

숙소 테라스 호텔 테라스에 앉아 아침마다 커피와 맥주를 마시며 시엠립에서 구입한 기타를 치곤 했다. 복잡한 생각을 정리하기에도 좋고, 아무 생각 없이 멍때리기에도 좋다.

앙코르와트 관광 에티켓

어느 곳이나 그곳만의 질서가 있고, 문화가 있고, 예절이 있다. 한국도 청학동이나 사찰에서 지켜야 하는 예절, 궁중예절이 있는 것처럼 캄보디아 역시 마찬가지다.

앙코르와트는 캄보디아인들에게 신성한 곳으로, 예의를 깍듯하게 지켜야 한다. 캄보디아의 압사라 기구는 앙코르와트를 비롯하여 캄보디아 내 유적지를 방문하는 관람객들이 지켜야 할 행동수칙을 만들어 당부하고 있다. 이는 어느 나라에서 오건 상관없이 모든 외국 관광객뿐만 아니라 내국인들에게도 포함된다. 앙코르와트를 관람하기 전에 기본 에티켓을 알아보자.

관광객 행동수칙(캄보디아 APSARA위원회 제작, 배포)

앙코르와트는 9~15세기에 크메르 제국의 수도였으며, 12세기에는 세계에서 가장 큰 도시였습니다. 오늘날 앙코르 지역의 사원들은 불교신자뿐만 아니라 일상적으로 기도 및 명상을 하는 캄보디아 국민들의 영적 중심지입니다. 또한 앙코르는 여러 세대에 걸쳐 살아온 13만 명 주민들의 삶의 터전입니다.

캄보디아 국가 기구인 APSARA 위원회는 1995년부터 앙코르 지역의 보존 및 지속 가능한 개발을 담당하고 있습니다. 본 위원회의 목표 중 하나는 치안을 바탕으로 관광객들의 경험과 현지 공동체에 대한 존중이 조화되는 것입니다. 이 방문객 행동수칙은

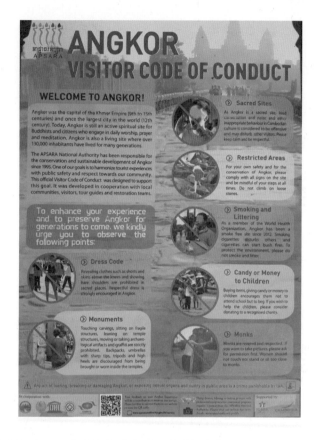

이러한 목표를 달성하기 위해 만들어졌습니다.

　이 행동지침은 지역 공동체, 관광객, 관광안내사 및 문화재 복원팀의 협조로 작성되었습니다. 즐거운 여행과 앙코르의 미래를 위하여 다음과 같은 지침을 준수하여 주시길 부탁드립니다.

복장

어깨가 노출된 상의와 무릎을 덥지 않는 하의는 캄보디아 문화와 맞지 않으며, 신성한 장소에서는 금지되어 있습니다. 캄보디아 현지 문화를 고려한 복장을 권장합니다.

문화재

다음과 같은 행위는 캄보디아의 문화유산을 훼손하는 행위로써 금지되어 있습니다. 조각을 만지거나 약한 유적 위에 앉는 행위, 사원 벽에 기대는 행위, 고고학적 유물 반출, 낙서 등. 또한 뾰족한 끝의 우산, 하이힐, 삼각대는 사원 내부 반입을 삼가주십시오.

성지

앙코르는 신성한 지역으로써 큰 소리로 대화하거나 소음, 그 밖의 캄보디아 문화에서 부적절한 태도를 취하는 것은 무례하게 받아들여지며 다른 방문객의 관람 또한 방해하게 됩니다. 차분하고 존중하는 태도를 보여 주십시오.

제한구역

본인의 안전과 앙코르의 보존을 위해 각 장소에 게시된 안내를 따라 주시고 발걸음을 주의해 주시기 바랍니다. 무너진 돌 위를 지나갈 때는 흔들리는 곳이 없는지 확인해 주십시오.

흡연 및 쓰레기 투기

캄보디아는 세계보건기구의 회원으로, 앙코르 지역을 2012년부터 금연 지역으로 지정하였습니다. 흡연 행위는 다른 방문객에게 불쾌감을 주며, 화재를 유발할 수 있습니다. 환경 보존을 위해 흡연과 쓰레기 투기를 삼가주십시오.

아이들에게 주는 사탕과 돈

아이들이 판매하는 물건을 구매하거나 사탕과 돈을 주는 행위는 아이들을 학교에 가지 않도록 만들며, 다른 관광객에게도 영향을 주게 됩니다. 아이들을 위해서라면 자선단체를 통한 기부와 같은 다른 방법을 고려해 주십시오.

승려

캄보디아에서 승려는 존경과 숭배의 대상입니다. 여성은 승려와 신체 접촉을 하거나 물건을 건네는 것을 삼가주십시오. 사진을 찍고자 하신다면 먼저 허락을 구하시기 바랍니다.

　　현지 뚝뚝 기사나 택시, 승합차 등 가이드도 모르는 곳을 돌아다녔다. 유적지를 돌아다니기 전에 먼저 보면 좋은 곳이 앙코르 국립박물관이다. 간략한 설명만 하는 가이드나 인터넷으로 얻은 방대한 자료를 기억하기에는 한계가 있다. 국립박물관에는 체계적으로 일목요연하게 정리가 되어 있어 전체적인 흐름을 파악하기에 좋다. 국립박물관뿐만 아니라 크메르인들의 다양한 문화를 알아가는 것도 좋다. 답답하게 숙소에만 머물지 말고, 크메르인들의 일상으로 한 걸음 들어가 보자.

앙코르 국립박물관(Angkor National Museum)

» 입장료 : 12달러
» 오디오 해설 : 5달러(한국어 가능)
» 주의 : 가방 보관, 모자 탈모, 사진 촬영 안 됨.

　　내가 만약 가이드라면 앙코르와트를 보기 전에 이곳을 먼저 방문할 것이다. 앙코르와트를 돌아다니면서 가이드가 일일이 설명하는 것도 필요하다. 그러나 그 전에 미리 사전 지식을 쌓고 간다면 현장에서 듣는 설명이 더 쉽고 빠르게 다가올 것이다.

　　이곳은 크메르 제국의 역사와 집권했던 왕들의 업적, 각 유적들의 특징들을 살필 수 있도록 실제 유물을 전시해 놓고 있다. 또한 크메르 문자의 형성과 변천 과정, 그리고 크메르 민족의 생활상도 볼 수 있다. 빼놓을 수 없는 것이 불교관이다. 문을 열고 들어서는 순간 크메르 제국의 불상들을 한눈에 볼 수 있다. 빽빽이 들어찬 불상들에 자연스레 입이 벌어진다.

　주의할 사항은 입장하기 전에 1층에 있는 보관함에 가방을 맡겨야 한다. 힙색 같은 작은 가방이나 핸드백 정도는 갖고 들어갈 수 있으나 백팩이나 큰 가방은 가지고 들어갈 수 없다. 생수 역시 반입이 안 된다.

앙코르 파노라마 박물관
(Angkor Panorama Museum)

» 입장료 : 외국인 20달러, 내국인 11달러, 가이드 및 뚝뚝 기사 무료
» 안내원 : 한국어 전문해설

앙코르 파노라마 박물관은 캄보디아 기업체와 북한이 합작으로 만든 박물관이다. 건물 설계에서부터 공동으로 진행했고, 한국어 해설자는 북한 안내원이 맡고 있다.

총 2층으로 되어 있다. 건물 설계 당시 북한에서는 파노라마 형식의 원형을 제시했지만 캄보디아 측에서 원형은 크메르의 전통과 어울리지 않다며 정사각형을 요구했다. 앙코르는 전형적인 만다라 구조를 가지고 있다. 북한은 이를 받아들여 건물 외형을 사각형으로 건축했다.

안내원을 따라 1층 로비에 있는 크메르 제국의 역사 배경을 지나 2층으로 올라가면 360도 회전 파노라마가 펼쳐진다. 다시 1층에 있는 극장에서 앙코르와트 건설 과정을 다룬 영화를 관람하면 끝난다.

2층에서 보는 360도로 둘러싸인 크메르 제국의 파노라마는 실물과 그림을 구별할 수 없을 정도다. 그야말로 경외심까지 느껴지게 한다. 63명의 북한 화가가 3개월에 걸쳐 제작했다. 파노라마에 등장하는 인물은 총 4만 5천 명이다. 이 파노라마를 보는 것만으로도 입장료가 아깝지 않다.

캄보디아 민속촌(Cambodian Cultural Village)

» 입장료 : 15달러

시엠립에 있는 유일한 캄보디아 민속촌이다. 밀랍 모형관에서는 캄보디아의 역사와 주요 인물을 시대별로 볼 수 있으며, 캄보디아 이민자 마을에서는 소수 민족들의 건축양식과 독특한 문화 공연을 관람할 수 있다.

이곳을 관람하려면 날을 잡고 가는 것이 좋다. 일단 공연을 볼 생각이 없다면 그저 방대한 넓이의 민속마을을 느긋하게, 그것도 한 시간 이상 산책한다고 생각하면 된다. 그만큼 크기도 넓고, 공연을 보지 않는다면 딱히 이렇다고 할 뭔가가 없다.

민속촌은 공연시간에 맞춰 관람하는 것이 좋다. 시간대별로 공연이 펼쳐지며, 중간 쉬는 시간에 민속촌 내부에 있는 식당에서 식사를 하고 느긋하게 다음 공연을 관람하면 좋다.

프로그램은 민속촌 사정에 의해 변동이 될 수 있다. 갈 때마다 종이에 프린트한 공연 일정을 나눠 준다. 공연시간이나 관람에 대한 내용을 미리 알고 가면 좋다.

공연 시간표

장소	공연	시간
Millionaire House 대부호 저택	크메르 전통 혼례식 공연	11:00~11:30
Mini-theater 소극장	전통춤, 현대무용, 서커스 공연	14:30~15:00
Millionaire House 대부호 저택	크메르 전통 혼례식 공연	15:20~15:45
Kola Village 꼴라족 마을	〈공작새 춤〉 공연	16:05~16:35
Chinese Village 화교 마을	새해 맞이 공연	16:05~16:35
Kroeung Village 크롱족 마을	〈약혼자 선택〉 공연	16:50~17:20
Phnorng Village 프농족 마을	〈족장 선발〉 공연	17:40~18:10
Khmer Village 크메르 마을	〈칸뜨레밍 춤〉 공연	17:40~18:10
Big Theatre 대극장	〈위대한 왕 자야바르만 7세〉 대공연	18:45~19:45

» 공연문의 전화 : 063 963 098/ 031 96 96 968/ 087 44 88 99
(www.cambodianculturalvillage.com)

전쟁박물관(War Museum)

» 입장료 : 5달러

전쟁박물관이라고 해서 뭔가 전쟁에 대한 실상을 고발하거나 예상치 못했던 반전이 숨어 있을 거란 기대는 하지 말자. 전쟁 때 사용했던 무기들을 줄과 열을 맞춰 야외에 전시해 놓은 것이 전부다.

뭔가 의미심장하고 뜻깊은 것을 원한다면 차라리 프놈펜에 있는 킬링필드 수용소나 고문소를 찾는 편이 낫다. 그곳에는 온갖 자행되어 왔던 고문 기계와 그곳에서 목숨을 잃은 사람들의 사진들이 방대하게 놓여 있다. 그곳에 들어서는 순간 섬뜩한 한기가 느껴진다.

하지만 시엠립의 전쟁박물관은 그렇지 않다. 책과 텔레비전에서 수없이 보아왔던 무기들을 보는 것이 전부다. 물론 어떤 이유에서건 전쟁은 안 된다. 전쟁의 참혹성을 당시 사용했던 무기를 통해 느낄 수 있다면 전쟁박물관에 가도 좋다.

디우 갤러리(Diwo Gallery)

» 입장료 : 무료

이곳은 '디우'라는 프랑스 사진작가의 갤러리다. 시내에서 똔레삽 호수로 가는 길에 보면 간판 하나가 나온다. 똔레삽 가는 길에서 왼쪽으로 강을 건너서도 비포장 골목길을 한참 들어가야 한다.

사진작가 디우는 1992년도부터 시엠립에 살고 있다. 갤러리에서 눈길을 끄는 것은 그가 찍은 사진들이다. 캄보디아인들의 표정들이 날것 그대로 살아 있다. 그가 펴낸 사진집을 보면 가슴이 더 뭉클해진다.

앙코르와트를 보면서 역사에 매달렸다면 현대의 캄보디아를 보는 것도 괜찮다. 불과 20여 년 전의 캄보디아인들의 모습과 삶의 기록을 마주할 수 있다.

버려진 사원(Kouk Chak Temple)

» 입장료 : 무료

30번 도로에서 안쪽 이면도로로 들어가면 일본인 국제학교 옆에 덩그러니 버려진 사원 두 채가 나온다. 다 쓰러져 가는 사원은 이미 허물어질 대로 허물어져 있다. 뒤쪽에 남은 벽이라도 무너지지 않게 나무로 버팀목을 세웠다.

이곳은 관광 유적지도 아니고, 현지인들도 잘 모르는 곳이다. 근처에 사는 동네 주민들만 아는 정도. 그래도 사원 입구에 새겨진 조각은 볼 만하다.

팀스 하우스(Theam's House)

» 입장료 : 무료

이곳은 '팀'이라는 캄보디아 화가의 작업실 겸 갤러리다. 그는 캄보디아에서 태어나 프랑스로 유학을 갔다 왔다. 유화나 물감이 아닌 래커로 그림을 그리는데, 자신이 찍은 사진을 그림으로 그리는 작업을 한다. 그림뿐만 아니라 공예나 생활용품도 직접 만들어 판매를 한다. 한쪽에는 공연장 비슷한 것이 있는데, 이곳은 예술인들이 정기적으로 모여 세미나 등을 통해 서로 교류하는 곳이다.

아기자기하게 꾸며 놓은 이곳에 들어서면 직원의 안내를 받을 수 있다. 큐레이터 격인 직원이 상세하게 작품과 팀에 대해 설명을 해 준다.

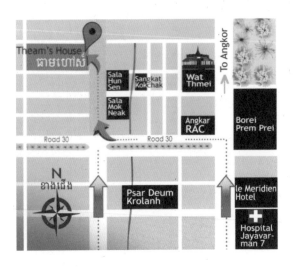

앙코르와트 미니어처
(Miniature replicas of angkor's temples)

» 입장료 : 1달러

이곳을 찾은 이유는 하늘에서 내려다봐야 볼 수 있는 앙코르와트의 만다라를 만날 수 있지 않을까 싶어서다. 뚝뚝 기사도 모르는 이곳은 국립박물관에서 시엠립 강 건너편에 있다. 골목으로 이리저리 찾아들어가야 한다. 간혹 서양 관광객들이 소리 없이 찾아왔다가 조용히 나가는 곳이다.

이곳에 들어서면 백발노인이 웃으며 맞이한다. 그리고 장황하게 그의 작품을 설명한다. 앙코르와트를 비롯해 반띠 스레이 등을 일일이 손으로 조각했다. 짧게는 3년에서 길게는 5년이 걸렸다고 한다. 프랑스 잡지에도 소개가 되었다며 자랑스럽게 잡지책을 펼쳐 든다. 앙코르 유적을 축소해 놓은 것을 한눈에 내려다볼 수 있는 곳도 있다.

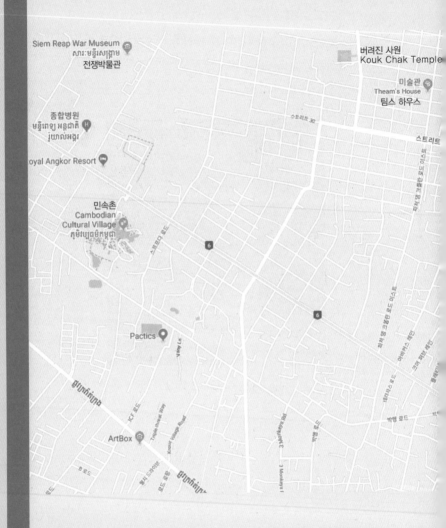

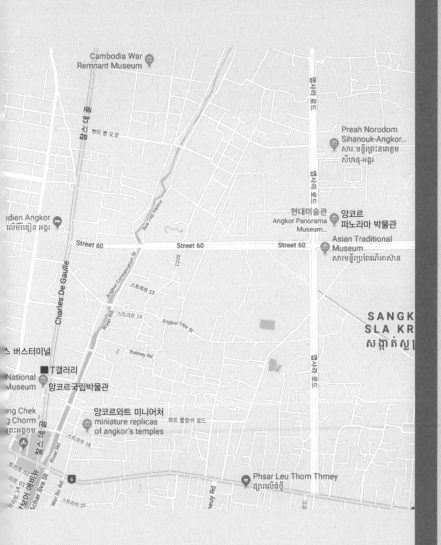

앙코르와트에서 한 달 살기 2

여행 계획 및 숙소 정하기

#1 계획 짜기

계획은 이랬다. 한 달, 딱 한 달 살자.

나는 그들을 만나고 싶었다. 크메르 민족을, 위대한 자야바르만의 후예들을, 그리고 가슴 깊이 미소 짓는 그들의 삶을.

먼저 지도를 펼쳤다. 구글 지도도 좋고, 네이버 지도도 좋다. 앙코르와트에서 가져온 지도는 유적과 펍스트리트 등이 있는 시내만 나와 있는 지도였다. 나는 시엠립 전체 지도가 필요했다.

컴퓨터를 켜고 구글 지도를 열었다. 구역을 네 곳으로 나눴다. 공항에서 시내로 이어지는 곳과 앙코르와트 지역, 그리고 톤레삽 호수로 가는 곳, 나머지 속산 로드가 있는 시엠립 남쪽.

최대한 지도를 키워가며 어떻게 숙소를 정할 것인지 고민했다. 한곳에서 한 달을 머물러도 되고, 여러 곳을 돌아다녀도 된다. 그러나 너무 자주 돌아다니면 짐이 진짜 짐이 될 것 같았다. 거기에 중요한 것 한 가지를 더한다면 비용 문제가 있었다. 돈이 많으면 한 달이 아니라 얼마든지 오래 있어도 되고, 하루에 10만 원을 호가하는 고급 호텔에 묵으면서 여유롭게 여행을 다녀도 된다. 하지만 나에게는 아무리 물가가 저렴하기로 소문난 시엠립이라 하더라도 비용을 고려하지 않으면 안 됐다.

숙박비를 최소한으로 잡았다. 10~20달러 수준으로 낮췄다. 그보다 더 싼 곳도 있지만 그런 곳은 치안과 소지품 분실이 걱정됐다. 알아본 바로는 한 달에 300~500달러 하는 아파트들도

있었다. 달랑 원룸만 빌리는 곳은 약 300달러, 투룸에 화장실이
두 개인 곳은 전기세와 수도세, 세금은 별도면서 500달러. 시내에
최근 새로 지은 아파트는 24시간 경비가 있고, 수영장도 있다. 이
곳도 한 달에 500달러다. 시내에서 멀어질수록, 지은 지 오래된
곳일수록 가격은 싸다.

한 달로 계산하지 않고, 호텔처럼 운영되는 아파트도 있다. 이
런 곳은 시내에서 멀고, 주변에 아무것도 없다. 정말 아무것도 없
다. 마트도 없고, 지나다니는 뚝뚝도 없다. 아파트의 장점은 독립
된 출입구가 있고, 조리시설이 있다는 것이다. 단점은 수도세·전
기세·세금을 따로 계산해야 하며, 매일 청소를 해주지 않는다.

마음 같아서는 몇 개월 머물고 싶었지만 관광 비자가 허락하는
날짜는 30일이다. 30일 동안 아파트에 갇혀 청소며 빨래며 직접
해야 한다고 생각하니 한국에 있는 것과 별반 차이가 없을 것 같
았다. 그래서 아파트 대신 호텔 같은 숙박시설을 선택했다.

시엠립에서는 아파트라고 해도 한국에 있는 고층 아파트를 떠
올리면 곤란하다. 한국의 일반 빌라 정도로 생각하면 된다. 기껏
해야 4층이고, 1층에는 주인이 거주하며 관리를 하고 있다.

우선 시내에 있는 호텔로 정했다. 4~5일 머물며 정보도 얻고,
필요한 물건들을 사기 위해서다. 그리고 공항 픽업이 무료니 공
항에서 호텔까지 가는 비용을 줄일 수 있다. 방값은? 15달러에 아
침까지 제공되는 곳으로 정했다. 원래 아침을 안 먹지만 호텔에

서 늦은 아침을 해결하면 하루에 두 끼만으로도 버틸 수 있을 거라 생각했다.

그리고 지도를 보면서 다음으로 머물 숙소를 탐색했다. 부킹닷컴이나 아고라, 트레비스, 호텔스 컴바인 등 다양한 숙박 애플리케이션이 있지만 가격이 제각각이고 후기 역시 제멋대로다. 숙박시설에서 제공하는 사진도 그리 믿음이 가지 않았다. 숙박 애플리케이션을 통해 몇 군데를 골라놓고 지도를 보면서 애플리케이션에 나오지 않는 숙소를 샅샅이 뒤졌다. 오래 머물 것이니 직접 보고 선택하는 게 낫다.

시엠립에서는 뚝뚝 기사나 택시 기사, 가이드를 동반하면 무엇이든지 평균 10~20달러가 비싸다. 소개비다. 숙박 애플리케이션도 소개비를 받을 테니 발품을 팔아서 직접 눈으로 확인하고 흥정하는 편이 낫다. 그래야 시세도 알게 되고, 나름대로의 숙소를 보는 기준점이 생기니까.

대략 네 군데로 나눈 지역에서 총 15~20개 정도의 숙소를 골랐다. 숙소의 영어 이름과 주소, 전화번호를 순서대로 정리했다. 그리고 지도를 프린트해서 숙소 위치를 표시했다. 시엠립에는 수천 개의 숙박시설이 있기 때문에 뚝뚝 기사나 택시 기사 역시 다 알지 못한다.

그리고 시내에 돌아다닐 만한 곳을 찾았다. 패키지여행에는 없는 곳, 유적지가 아닌 곳, 앙코르와트 티켓이 없어도 입장이 가능한 곳들을 찾았다. 며칠 동안 지도를 확대, 축소해가면서 가보고 싶은 곳을 숙소와 마찬가지로 영문 이름과 주소, 전화번호를 정리하고, 지도를 한 장 더 프린트해서 순서대로 표시했다.

마지막으로 비용을 계산했다. 하루 숙박에 20달러, 식대 10달러, 교통비(뚝뚝) 총 60달러, 입장료 50달러, 예비비 200달러, 비상금 200달러.

한국에서도 한 달 생활하는 데 사람마다 지출 비용이 다르다. 나는 무조건 한국에서의 생활비보다 적은 비용으로 다녀오고 싶었다. 한국에서 쓰는 생활비보다 더 든다면 굳이 갈 필요가 없었다. 물론 돈이 많다면 어디든, 무엇을 하든 자유롭고 편안하게 생활할 수 있겠지만 회사까지 그만둔 나에게는 비용이 가장 큰 걱정거리였다.

숙소를 매일 20달러짜리에 머물 생각은 아니었다. 넉넉하게 잡은 것이다. 그리고 숙소를 싼 곳으로 옮기면 그만큼 생활비가 늘어난다. 부족하게 예산을 잡는 것보다는 조금 여유롭게 잡는 것이 좋다.

생활비는 현지식으로 먹으면 한 끼에 2달러에서 4달러다. 그리고 맥주는 두 캔에 1달러다. 필요한 물건은 마트에서 사서 냉장고에 넣어두면 된다. 그러니 하루 생활비가 넉넉잡아 10달러면 된다.

교통비는 현지에서 돌아다닐 때 필요한 경비로 뽑았다. 하루는 호텔을 알아봐야 하고, 하루는 시내를 돌아다니며 가보고 싶었던 곳들을 가야 하니 교통비가 든다. 웬만해서는 걸어서 못 다닌다. 한낮에는 조금만 걸어도 타 죽을 것처럼 뜨겁다. 호텔에서 뚝뚝을 소개해 주는데, 가격이 정해져 있다. 앙코르와트를 작게 돌면 하루에 15달러, 크게 돌면 20달러, 시내 투어도 20달러다. 하지만 호텔에서 소개해 주는 뚝뚝 말고 길가에 서 있는 뚝뚝을 이용하면 가격은 내려간다. 물론, 그들도 처음에는 높은 액수를 부른다. 하지만 흥정을 잘 하면 호텔에서 제시하는 가격보다 싸다. 그럴 수밖에 없는 것이 호텔에서 소개비로 얼마를 떼기 때문에 그렇다. 그리고 이번에는 자전거를 빌려 시내를 돌아다닐 계획이었다. 그 액수까지 포함시켰다.

입장료는 박물관이나 미술관의 입장료가 따로 있을 것 같아 잡았다. 시엠립은 관광도시다. 그러다 보니 웬만한 곳은 무료입장이 없다. 현지인은 무료입장이지만 관광객들에게는 입장료를 받는다.

이제 커다란 밑그림은 대충 그렸다. 예상치 못한 변수는 현지에서 부딪치며 해결해나가기로 했다.

대지의 땅 어머니여, 내가 곧 달려간다!

#2 도착, 첫날

애플리케이션을 통해 예약한 호텔에서 메일이 왔다. 공항으로 사장이 직접 픽업 나간다고. 공항에서 뚝뚝을 이용하려면 최소

10달러 이상을 줘야 한다. 공항 안에서 대기하고 있는 뚝뚝은 주차비를 따로 받는다. 그리고 시내까지 약 10~15달러까지 달라고 한다. 시엠립을 많이 와본 사람은 공항 입구까지 걸어서 나간다. 공항 입구에 가면 공항 안으로 들어오지 못한 뚝뚝 기사들이 줄지어 서 있다. 이들 역시 시내까지 가격은 비슷하다. 그러니 애플리케이션이나 아는 호텔에 미리 예약을 하고 공항 픽업을 요구하는 게 훨씬 이득이다.

공항에 도착하고 1시간 40분이 지나서야 공항 밖으로 빠져 나왔다. 혹시 호텔 사장이 나를 기다리다가 그냥 간 건 아닐까 걱정이 되었다. 이름이 적힌 종이를 들고 있는 사람들을 살폈다. 내 이름이 없다. 역시 기다리다 그냥 간 걸까?

공항 밖으로 걸어가야겠다는 생각을 하고 있을 때 맨 끝에서 영어로 적힌 내 이름을 발견했다. 어찌나 기쁘고 고맙던지, 나도 모르게 소리를 질렀다. 내 이름을 적은 종이를 들고 있던 사람이 몇 번이고 내가 맞는지 확인을 했다. 하도 안 나와서 걱정을 했단다. 하지만 자기만 기다리는 것도 아니고, 아직 다른 사람들도 많이 안 나왔기 때문에 무작정 기다리기로 했단다. 나는 그에게 몇 번이고 늦어서 미안하다고 했다. 10~20분도 아니고 거의 2시간 가까이 기다렸으니 얼마나 힘들었을까. 게다가 화장실 간 사이에 나와 길이 어긋나면 안 되니 화장실도 못 갔다고 했다.

그런데 아무리 봐도 사장 같지는 않았다. 혹시나 해서 물었더니 뚝뚝 기사란다. 호텔 전속으로 있는 뚝뚝 기사 같았다. 뚝뚝 기사는 나를 일반 관광객으로 알고 있었다. 하루 투어부터 3일, 5일 투어까지 호텔로 오는 내내 설명을 했다. 그리고 호텔에서 체크인을 할 때 호텔 직원 역시 열심히 뚝뚝 투어에 대해 장황하게 설명을 늘어놓았다. 아마도 공항으로 픽업하러 온 뚝뚝 기사는 관광 투어를 소개해 주는 대가로 무료 공항 픽업을 한 모양이었다. 내막을 알고 나니 왠지 미안해졌다. 물론 내 잘못은 없지만 공항에서 늦게 나온 것부터 투어를 하지 않는 것까지. 그래서 호텔 체크인을 하고 그에게 기다리게 해서 미안하다며 1달러를 건넸다.

저가항공은 저가항공이다. 5시간 넘게 오는 내내 생수만 마셨다. 방에 짐을 던져 놓고 밖으로 나왔다. 원래 계획에 도착한 당일 식사비는 없었다. 하지만 너무 배가 고파서 잠을 잘 수 없을 것 같았다. 다행히 호텔 바로 옆에 늦게까지 문을 연 식당이 있었다. 식당이라고 해봤자 한국으로 치면 포장마차 같은 곳이다.

돼지고기 볶음밥과 맥주를 시켰다. 꽝꽝 언 얼음을 잔에 넣고 맥주를 따랐다. 식사가 나오기 전에 맥주 한 잔을 말끔히 비웠다. 세상 이런 천국이 없었다. 마치 아늑한 고향에 온 느낌이었다. 기분이다, 맥주 한 캔 더! 밥과 맥주 포함해서 총 4달러를 계산했다.

다음 날 아침, 사람들이 붐비는 것이 싫어서 일부러 늦게 식당으로 내려갔다. 10시까지 아침식사가 가능하니까 8시 30분쯤 식당으로 갔는데, 이런… 식당 불이 꺼져 있었다. 식당 안으로 들어

가지 못하고 기웃거리고 있으니 프런트에 있는 직원이 나를 쳐다 봤다. 벌써 아침이 끝난 거냐고 물었더니 직원이 웃으며 들어가란다.

넓은 식당에 혼자 덩그러니 앉아 식사가 나오기를 기다렸다. 직원은 5분만 기다리면 된다며 이런저런 질문을 했다. 어디서 왔는지, 오늘은 어디를 관광할 것인지, 프런트에 얘기하면 친절한 뚝뚝 기사를 연결해 준다고 했다. 나는 한국에서 왔고, 유적지는 이미 다 관람했으며, 오늘은 시티 투어를 할 거라고 했다. 그는 그러냐며 갑자기 종이를 꺼내 1~10까지 한국어로 어떻게 읽느냐며 물어봤다. 발음나는 대로 영어로 적어 줬다. Hana, Dul, Set……. 다 적고 났더니 식사가 나왔다.

그는 내가 숙소에 머무는 동안 매일 아침 이렇게 말을 걸었다. 아마도 내가 혼자 있으니 식사를 기다리는 동안 심심할까 봐 말동무를 해준 것 같았다. 그리고 당일 들어온 과일이 싱싱한데 주스를 원하면 바로 갈아서 주겠다며 매일 친절하게 새로 들어온 과일 주스를 갖다 줬다.

여태 먹어본 조식 중 최고였다. 패키지여행을 하면서 먹는 대형 호텔의 뷔페보다도 훨씬 맛이 있었다. 매일 메뉴가 바뀌었고, 나중에는 내가 원하는 메뉴를 얘기하자 그걸로 준비를 해주었다. 원래 아침을 안 먹는데 그들의 친절과 배려에 넘치는 양을 남기지 않고 먹어야 했다.

매일 이 큰 식당에서 혼자 밥을 먹었다. 손님은 나 혼자였고, 내 조식을 위한 직원은 무려 네 명이었다. 한 명은 조식이 나올 때까지 말동무, 한 명은 커피와 물을 갖다 주었고, 한 명은 조리를 맡았고, 나머지 한 명은 조리된 식사를 테이블까지 옮겨다 줬다. 저마다 분업화되어 있었다.

예전에 다른 숙소에 있을 때다. 방 청소를 하러 네 명이 들어왔다. 한 명은 화장실, 한 명은 쓰레기통, 한 명은 방바닥, 한 명은 침대 시트 교환. 이 모든 걸 한 명이 하면 더 많은 돈을 받지 않느냐고 물었다. 그들의 대답은 간단했다. 싫단다. 자기가 맡은 업무가 따로 있다는 거였다. 각자의 업무가 있고, 그것을 침범하지 않는다는 것이다. 그리고 혼자 하게 되면 시간도 오래 걸리고 다른 사람의 일자리를 빼앗게 되어 싫단다. 일찍 끝나서 가족들과 놀고 싶단다. 이것은 나눔과 배려일까, 아니면 게으름일까.

어쨌든 여기서도 세부적으로 업무를 분장한 것 같았다. 조식을 하러 갈 때마다 저마다 매일 똑같은 일을 반복했으니.

아침을 먹고 있으니 나이가 있어 보이는 분이 다가와 어제 잘 잤는지 물어봤다. 나는 솔직하게 얘기를 했다. 에어컨이 너무 시끄러워 잘 수 없었다고. 실제로 그랬다. 처음 방에 들어갔을 때는 에어컨 돌아가는 소리가 그저 일반적인 소리인 줄 알았다. 그런데 씻고 침대에 누우니 요란하게 깡통 굴러가는 소리가 방안을 가득 메웠다. 단순한 에어컨 소음이 아니었다. 전쟁터였다. 나는 에어컨 팬이 낡아서 그런가 싶어 에어컨을 끄고 덥더라도 조용히 자는 것을 택했다. 하지만 내 예상은 빗나갔다. 에어컨을 꺼도 소리는 여전히 시끄럽게 나고 있었다. 커튼을 걷고 창문을 열어보니, 이런… 옆방 실외기에서 나는 소리였다. 옆방 문을 두드리고 "거 잠을 못 자겠으니 덥더라도 에어컨 좀 끕시다."라고 하기 전까지는 내가 할 수 있는 것은 아무것도 없었다. 솜으로 귀를 틀어막고 싶었으나 귀를 틀어막을 솜이 없었다. 이불을 뜯어서 이불 속의 솜으로 귀를 막아볼까도 생각했다. 그러나 그렇게 되면 이불값을 변상해 줘야 하니 참을 수밖에. 어떻게든 이렇게 계속 시끄럽다면 내 방 에어컨이라도 세게 틀어서 찜질방에 있는 얼음방으로 만들어 이불 속에 꽁꽁 숨어서 자야겠다고 생각했다. 소심한 나의 복수이자 생존의 본능이었다. 그러나 이 역시 실패로 돌아갔다. 에어컨은 아무리 온도를 낮추고, 터보 기능까지 가동시켰지만 수전증 있는 환자가 덜덜거리며 밥을 먹는 것처럼 방 안의 온도는 쉽게 내려가지 않았다. 고로 나는 때아닌 불면증에 시달려야 했다. 역시 가격이 싸면 싼 만큼의 대가를 치러야 하는가 보다.

나이가 있어 보이는 사람은 내 얘기를 듣더니 다른 직원과 똑같이 뚝뚝 투어 얘기를 꺼냈다. 일단 듣자. 듣고 보자. 뚝뚝 투어 동선과 가격까지 다 듣고 난 다음 나는 당신이 사장이냐고 물었다. 그가 고개를 끄덕였다. 그러면서 영어로 뭐라고 신나게 떠들었다. 다행이다. 나는 영어를 할 줄 모른다. 그의 이야기를 다 이

해할 수 없어서 얼마나 다행인지. 나는 그의 이야기가 끝났다 싶을 때 방을 옮길 수 있는지 물었다. 그는 바로 방을 바꿔주겠다고 했다. 역시 친절하다. 고객을 위한 사장 마인드가 듬직하다.

시내 곳곳에 있는 숙소는 대부분 노후됐다. 어디는 물이 안 나오고, 어디는 하루에 일정 시간 정전이 되고, 어디는 창문이 제대로 안 닫히는 곳도 있다. 숙소를 찾은 여행객에게 최대한의 편의를 베풀려는 마음에 비해 시설은 따라주지 못했다.

#3 숙소 정하기

이번 여행을 초반, 중반, 후반 이렇게 총 셋으로 나눴다. 초반에는 정보수집, 중반에는 해결해야 할 업무 진행 및 시티 투어, 후반에는 휴식으로 여행 주제를 나름 나눠 봤다. 그래서 초반에는 시내에 숙소를 정했고, 중반과 후반에 머물 숙소를 직접 발로 뛰며 알아봐야 했다. 중반은 시내와 떨어진 한적한 곳이 좋을 것 같았다. 이왕이면 수영장도 있고, 주변이 조용하기를 바랐다. 후반 숙소는 걸어서 시내를 왕복할 수 있는 거리였으면 했다. 한곳에 머무는 것도 좋지만 언제 또 이런 기회가 올까 싶어서 숙소를 옮기며 다양한 지역에 살아보고 싶었다.

뚝뚝 기사에게 한국에서 프린트해 온 호텔 목록을 보여 주며 아는 곳이 있냐고 물었다. 한 군데도 모르겠단다. 어디서부터 어떻게 돌면 좋을지 물어봤다. 기사는 스마트폰 지도로 정확한 위치를 찾기 시작했다. 20군데가 되는 곳을 일일이 다 체크하더니 지도에 순서를 매겼다. 그리고 출발!

캄보디아에서 숙소를 정할 때 고려해야 할 점 중 하나는 방향이다. 한국에서는 정남향을 중요시 여기지만 이곳은 그렇지 않다. 정남향의 숙소를 정하면 아마 찜통 가마솥에서 찐만두처럼 푹푹 찌는 생활을 할 것이다. 숙소를 고를 때 나는 북향을 택한다. 북향이면 햇볕도 잘 들지 않고, 항상 그늘이 져서 시원하다. 햇볕이 안 든다고 해서 습하거나 눅눅하지 않다. 그리고 절대 어둡지 않다. 어두운 방은 한국의 다세대 주택단지처럼 숙소가 다닥다닥 붙어 있기 때문이다. 주변에 건물만 없으면 북향도 환하다.

한국과는 많이 다르다. 남향 다음으로 안 좋은 위치가 서향이다. 서쪽에 창이 나 있으면 한낮부터 해질녘까지 온통 햇볕을 받아 숯가마에 앉아 있는 기분이 들 것이다. 사우나를 좋아하고, 더위를 타지 않는다면 상관없겠지만 여기의 더위는 한국의 한여름과는 또 다르게 강력하다. 방마다 에어컨이 있어서 괜찮다고 생각하겠지만 이미 올라갈 대로 올라간 수은주를 강제로 끌어내리는 데 그만큼 시간이 걸린다는 것을 알아야 한다. 낮에 나갈 때 에어컨을 틀어놓고 나가면 되지 않느냐고? 다들 다녀봐서 알겠지만 방 키를 빼는 순간 모든 전기는 멈춘다. 에어컨도 냉장고도. 하지만 방법은 있다. 방 키를 프런트에 통째로 맡기지 않고 열쇠만 빼서 가지고 다니는 거다. 그러면 방은 하루 종일 시원하고, 냉장고에 넣어둔 맥주도 시원하게 마실 수 있다. 그래서 나는 시원한 북향을 최우선으로 선택했다.

그 다음으로 화장실 물을 틀어봐야 한다. 수압이 너무 낮은 숙소가 있다. 어떤 곳은 물이 나오다가 중간에 끊기는 곳도 있다. 한창 비누칠을 다 했는데 물이 뚝 끊겨버린다면······. 실제로 이런 경험을 한 사람들이 많다. 고쳐달라고 하면 주변에 공사를 해서 시간대별로 물이 나오니 조금 기다려달라고 할 뿐이다. 게다가 뜨거운 물이 안 나오는 곳도 많다. 전기 순간온수기를 설치한 곳이 더러 있는데, 고장난 곳이 많다. 더운 나라에서 뜨거운 물이 왜 필요한지 모르겠다면 일단 와서 며칠만 머물면 알게 된다. 하루 종일 먼지를 뒤집어쓰고 돌아다니다 숙소로 돌아왔을 때 따뜻한 물로 몸을 풀고 싶을 것이다. 그때 더운 물도 안 나오고, 물은 비질비질 찔끔찔끔 나온다면 당장 숙소를 바꾸고 싶어진다. 그래서 방을 볼 때 물을 틀어 시원하게 쏟아지는지 확인해야 한다. 전기 순간온수기가 설치되어 있다면 버튼을 눌러 제대로 작동하는지도 확인해야 한다.

와이파이. 시엠립은 길거리 빼고는 모든 건물에서 와이파이가 된다. 숙소도 와이파이가 안 되는 곳이 없다. 하지만 열악한 숙소는 공용 장소, 즉 1층 로비에서만 되는 곳이 있다. 각 방에는 와이파이가 되지 않는 곳이 더러 있다. 폰으로 문자를 확인하고, 이메

일을 확인하려면 로비까지 내려갔다가 와야 한다. 좋은 숙소는 각 층마다 와이파이 송수신기가 따로 설치되어 있다. 각 층마다 와이파이 비밀번호가 다르다.

유심도 현지에서 구입할 수 있다. 유심과 통화량(데이터) 포함해서 12달러다. 현지 유심이 10달러고 통화량(데이터)이 2달러다. 통화량을 다 썼으면 2달러 주고 통화량을 사면 된다. 2달러를 주면 작은 종이 하나를 준다. 즉석복권처럼 종이를 긁으면 숫자가 나오는데, 그 숫자를 폰에 입력하면 통화량이 충전된다. 집에서 안 쓰는 오래된 폰을 가지고 와서 현지 유심을 넣으면 현지폰처럼 사용할 수 있다. 한국에서 쓰던 폰의 유심을 뺐다가 다시 넣는 불편함보다는 안 쓰는 폰을 이용하는 게 편하다.

다음으로 중요한 것은 바로 에어컨. 여기는 같은 방이라도 에어컨이 없고 벽에 선풍기가 달려 있으면 그만큼 가격은 내려간다. 덜덜거리며 돌아가는 낡은 선풍기의 미지근한 바람을 맞으면서까지 저렴한 숙소를 원한다면 얼마든지 싼 곳은 많다. 아니면 에어컨 있는 방을 고르되 내가 경험한 것처럼 에어컨을 켜보고 실외기 소음은 없는지 확인, 또 확인하는 것이 좋다.

마지막으로 24시간 프런트가 운영되고 있는지 확인하는 게 좋다. 24시간 프런트를 운영한다는 소리는 그만큼 치안에 신경을 쓴다는 소리다. 예전에 머물렀던 숙소는 밤 12시가 되니까 문을 잠갔다. 그리고 프런트에 직원이 밤새 상주했다. 치안이 나쁘지는 않지만 조심해서 나쁠 것은 없으니 24시간 프런트가 운영되는지 확인하면 좋다.

나머지 내부 구조나 크기, 숙소 위치, 화장실, 청결 등은 개인 취향이다. 어떤 숙소는 욕조가 없다. 욕조가 없는 숙소에 있을 때에는 욕조가 있었으면 했지만 지나고 보니까 없는 게 더 편했다. 직원들이 매일 욕조 청소까지 하지 않는 것 같았다. 차라리 욕조 없이 깨끗이 청소해 주는 곳이 나을 수도 있다.

기사와 함께 시엠립을 크게, 혹은 작게 한바퀴 돌았다. 기사는 다음 숙소로 이동할 때마다 스마트폰 지도를 확인했다.

시내에 위치한 숙소는 너무 다닥다닥 붙어 있었다. 창문을 열수 없었다. 뷰가 없는 셈이다. 창문을 열면 바로 옆 숙소의 방이 보였다. 커튼도 못 걷고, 창문도 못 열었다. 방만 보면 좋아 보였다. 위치도 시내에 있기 때문에 걸어서 5분이면 어디든 갈 수 있는 장점이 있었지만 내가 원하는 곳은 아니었다.

똔레삽 쪽의 숙소는 좋았다. 크기나 시설면에서는 나무랄 데가 없었다. 하지만 도로변에 있다고 하더라도 주변에 없어도 너무 없었다. 마트라든가 식당이 없어서 황량했다. 시내 남쪽은 외국인들이 많았다. 속산로드 주변으로 퍼져 있는 숙소에는 서양 관광객들뿐이었다. 그들과 대화하면서 서양 친구를 사귀는 것이 내 여행의 목적이 아니었으니 그쪽도 패스다.

시내에서 6번 도로(방콕에서 프놈펜까지 이어진 도로)를 타고 시엠립 강을 건너 룰루오스 쪽으로 가다 보면 이곳에도 숙소가 많다. 이 지역을 '구시가지'라고 한다. 도로 옆에 굉장히 큰 시장이 있고, 크고 작은 숙소들이 모여 있다. 외국 관광객보다는 현지인들이나 중국 단체 관광객들이 모여드는 곳이다. 보기만 해도 시끄럽다.

전체적으로 둘러본 결과 시내에 있는 숙소는 비싸고 뷰가 없어 답답했으며, 어느 숙소는 아예 영어가 안 되는 곳도 있었다. 기사에게 통역을 맡겨 가격을 물어봤지만 지내는 동안 불편사항을 어떻게 전달할지 걱정이 됐다.

최종적으로 마음에 드는 곳이 두 군데 있었다. 한 군데는 아침이 되지 않는 대신 다른 곳보다 2달러가 쌌다. 기사에게 물어보니 그 가격 차이라면 그냥 아침을 주는 곳으로 가라고 했다. 위치는 공항과 시내 중간 부분에 있는 곳이었다. 두 번째로 머물 곳은 이쪽으로 정했다. 마지막으로 머물 곳은 국립박물관 쪽으로 택했다. 국립박물관 바로 옆에 아주 훌륭한 호텔이 있다. 그 호텔에 묵고 싶었지만 가격이 워낙 비싸 엄두도 내지 못했다. 며칠 숙박비가 한 달 생활비와 맞먹는 가격이었다. 국립박물관 바로 옆에는 주립공원이 있다. 그리고 조금 내려가면 시엠립 강이 나온다. 강변을 따라 산책로가 조성되어 있다. 주립공원과 산책로를 마지막 숙소 배경으로 삼았다.

#4 이사

이사를 했다. 시내에서 한 달 동안 필요한 것들을 구입하고, 여기저기 돌아다니면서 필요한 정보들을 얻었다. 그리고 두 번째로 정한 숙소로 짐을 옮겼다. 옮긴 숙소는 생각보다 좋았다. 직원도 훨씬 많고, 수영장도 있었다. 방도 마음에 들었다. 테라스가 있었는데, 중요한 것은 테라스에 대리석으로 만든 야외 욕조가 비치되어 있었다. 숙소를 알아보러 다닐 때는 이 욕조를 보지 못했는데…, 욕조를 보는 순간, 왜 하필 나는 혼자 온 걸까……. 그래도 나만의 보석을 찾은 심정으로 가슴이 뿌듯했다.

숙소는 큰 도로에서 약간 안쪽에 있다. 포장도로가 끝나고 비포장도로를 조금만 걸으면 숙소가 나왔다. 숙소 주변에는 아무것도 없다. 정말 아무것도 없다. 숙소 앞은 공터고, 옆과 뒤는 가정집이었다. 왁작지껄한 음식점 음악소리도, 술에 취해 큰 소리로 떠들어 대는 관광객도, 도로 위를 달리는 오토바이 소리도 없는 곳이, 그야말로 휴양지 같은 곳이다.

짐을 정리하고 밖으로 나왔다. 점심때가 되었기 때문에 식당도 찾을 겸 동네를 한바퀴 돌기로 했다. 일단 큰 도로로 나갔다. 차도를 건너 반대편으로 갔다. 어슬렁거리며 걷고 있는데 한글이 눈에 띄었다. 중국집이었다. 한국 사람이 하는 중국집. 그래, 이사하는 날에는 자장면이지!

나는 망설이지 않고 안으로 들어갔다. 간판에 짬뽕이 맛있는 집이라고 쓰여 있는 글귀가 묘하게 나를 끌어당겼다. 나는 잠시 자장과 짬뽕 사이에서 갈등했다. 한국에서도 늘 하는 갈등이 해외에서도 어김없이 찾아올 줄이야. 이 집의 대표 메뉴라고 할 수 있는 짬뽕의 손을 들어줬다. 그런데 이 집은 진짜 짬뽕을 잘하는 집인가 보다. 짬뽕 메뉴가 여러 가지나 되었다. 일반 짬뽕, 볶음 짬뽕, 하얀 짬뽕, 해물짬뽕 등등. 이럴 때는 학창시절에 누구나 했던 커닝을 하면 도움이 된다. 다른 테이블에 앉아 식사를 하는 사람들을 보니 전부다 탕수육을 먹고 있었다. 여기서 나는 숙소 테라스의 욕조를 봤을 때의 기분이 다시 한 번 들었다. 왜 나는 하필 혼자 온 걸까……. 혼자서 많은 양의 탕수육을 다 먹을 수는 없다. 어쩔 수 없이 보편적인 일반 짬뽕을 시켰다. 시원하고 얼큰한 국물을 떠올리면서 소주도 한 병 추가.

맛을 논하지는 말자. 한국에서 명인들이 만드는 짬뽕과 비교하면 안 된다. 한국은 한국의 맛이 있는 것이고, 여기는 여기의 맛이 있다. 소주와 단무지로 속을 살살 준비시키고, 방금 나온 따끈한 짬뽕 국물을 들이켰다. 역시 이사하는 날에는 중국음식이다.

일요일이겠다, 느긋하게 소주와 함께 소중한 짬뽕을 아껴 먹다 보니 희한한 것을 알게 됐다. 이 집은 배달이 됐다. 수시로 주문 전화를 받는 주인아저씨와 계속해서 들락거리는 배달원. 키가 작고 머리를 노랗게 물들인 캄보디아 청년이 배달통에 음식을 담아 쉬지 않고 배달을 했다. 식사를 마치고 계산할 때 배달이 되는지 물었다. 주인은 당연히 된다고 했다. 전화번호를 달라고 했더니 곽에 들은 이쑤시개 통을 건넸다. 중국집 배달문화는 한국에서뿐만 아니라 해외에서도 그 역량을 발휘하는구나. 캄보디아에서 음식을 배달하는 곳을 처음 찾았다. 야호!

점심을 알딸딸하게 채우고 나와 주변 편의점에 들어갔다. 맥주를 보니 세 캔에 2달러. 바구니를 들고 따라다니는 점원에게 살며시 웃어보이고는 슬그머니 밖으로 나왔다. 편의점 바로 옆 현지인이 하는 구멍가게에는 맥주가 두 캔에 1달러. 5달러어치 샀다. 과소비하는 것이 아닐까 싶었지만, 아니야 오늘은 조금 써도 돼. 왜? 이사를 했으니까. 쉽게 얘기해 나는 15달러짜리 방에서 5달러를 더 주고 20달러짜리 방으로 업그레이드해 간 것이다. 헌집을 버리고 새집으로 이사 간 것처럼 희한하게 기분이 들떴다.

숙소로 돌아와 간단히 샤워를 하고 테라스에 멋들어지게 앉았다. 우기로 접어드는 시기라서 그런지 날씨가 흐리고 바람이 시원하게 불었다. 테라스는 동향과 북향으로 ㄱ자로 되어 있었다. 한낮이라 동쪽 테라스에는 햇볕이 조금 들어서 북쪽 테라스에 자리를 잡고 앉았다. 방금 사가지고 온 시원한 맥주를 땄다. 그리고 한 모금. 그래, 여행은 이런 맛이야! 내가 원하던 바로 그 여행이었다.

한가로운 오후와 고즈넉한 풍경, 시원하게 불어주는 바람까지. 5달러의 차이가 이렇게 클 줄이야. 나는 앙코르와트를 바라보고 앉아 느리게 흐르는 시엠립의 시간을 만끽하면서 느릿느릿 맥주를 비웠다.

크메르 민족의
역사와 문화 탐방

시엠립에 처음 방문했다면 당연히 크메르 제국이 건설한 유적지를 살펴야 한다. 앙코르 와트, 앙코르 톰, 따프놈, 반띠 스레이 등 부지런히 다녀야 한다. 하지만 나는 이미 여러 차례 짧게나마 이곳을 방문해서 유적지는 다 돌아봤다. 그래서 이번 여행은 굳이 앙코르 유적지를 찾아다닐 이유가 없었다. 그만큼 시간이 남았다.

앙코르 유적지를 보려면 전체 티켓을 끊어야 하는데, 매년 티켓 가격이 올랐다. 내가 처음 이곳에 왔을 때는 3일짜리 티켓이 40달러였다. 그런데 지금은 60달러가 넘는다. 나는 유적지 대신 그동안 가지 못했던 시내 곳곳을 돌아다니기로 했다.

#1 캄보디아 민속촌(Cambodian Cultural Village)

예전에 같이 여행을 온 사람이 민속촌에는 볼 것이 별로 없다며 가지 말라고 했다. 하지만 사람마다 보는 눈과 감동은 서로 다르다. 나는 내가 직접 경험해 보고 느끼기로 했다.

민속촌을 물어보니 안이 엄청 넓다고 했다. 둘러보는 데 적어도 1시간 이상은 걸린다고 했다. 나는 매표소에서 티켓을 구입했다.

민속촌은 공항에서 시내로 가는 6번 도로변에 있다. 매표소에서 티켓과 함께 공연 일정이 적힌 종이를 받고 안으로 들어갔다. 민속촌 안은 한산했다. 아침이라 그런지 관광객이 없고, 직원들만 한가롭게 자리를 지키고 있었다.

민속촌 초입에 있는 밀랍 전시실에 들어갔다. 유물과 생활도구가 유리관에 소규모로 전시되어 있고, 자야바르만 7세가 참족과 치른 전투 그림이 한쪽 벽면을 가득 메우고 있었다. 이어지는 전시실에는 역사 속 중요인물들이 밀랍으로 만들어져 있었다. 자야바르만 7세부터 현대 영화배우까지 실물 크기로 제작되어 있었다.

밖으로 나오니 길이 미로처럼 엮여 있다. 티켓 뒷면에 있는 지도를 보면서 발걸음을 옮겼다. 상점은 아직 문을 열지 않았고, 식당 역시 준비 중이었다. 관광객은 나 혼자였다. 비가 올 것처럼 하늘이 흐려서 걷기에는 불편함이 없었다. 건기보다는 오히려 우기에 오는 것도 괜찮다는 생각을 잠시 했다.

민속촌은 한가롭게 산책하기에 좋았다. 사람들이 붐비지 않아서 그런 것도 있지만 곳곳에 앙코르 유적지의 작은 모형들이 있어서 지루하지 않게 걷기에 좋았다. 한쪽으로 가보니 동물원이 나왔다. 원숭이 우리에 원숭이 한 마리가 신나게 줄을 타고 다니고, 닭들이 떼 지어 돌아다녔다. 말 여러 마리가 여기저기 흩어져 풀을 뜯고 있었다. 소는 한 마리 발견했다. 이게 끝이다. 동물원이라고 하기에는 뭔가 부족한 것이 많았다.

동물원을 나오니 활 쏘는 궁터가 있고, 매점이 나왔다. 매점 옆에는 대극장이 있고, 그 옆에 소극장, 그리고 또 그 옆에는 공연장

이 있다.

이제야 알았다. 이곳은 공연 시간에 맞춰 와야 한다. 그렇지 않으면 그저 넓은 곳을 산책하는 것이 끝이다. 가끔 이곳을 지나칠 때면 관광버스가 서 있었는데 대부분 저녁 무렵이었다. 하루 종일 간격을 두고 공연이 이루어진다. 그중에 최고는 대극장에서 공연하는 〈위대한 왕 자야바르만 7세〉다. 아마 관광버스는 그 공연을 보러 왔을 것이다.

아침부터 이곳을 찾았다면 오전에 공연하는 것을 보고, 민속촌 안에 있는 식당에서 점심을 해결한 후, 오후 공연을 찾아보다가 저녁까지 먹고, 〈위대한 왕 자야바르만 7세〉 공연을 보면 입장료가 전혀 아깝지 않을 것이다. 그러나 하루 종일 이곳에 갇혀 있기에는 시간이 조금 아깝다는 생각이 들었다.

다행히 나는 크메르 전통 혼례식 공연을 볼 수 있었다. 신부 측 부모와 하객, 신랑 측 부모와 하객이 양쪽으로 앉아 있고, 사회자가 나와 진행을 했다. 사회자의 진행에 맞춰 음식도 나오고, 악단이 음악도 연주했다. 신기한 것은 양쪽 부모님이 신랑과 신부의 머리칼을 가위로 자르는 예식이 있었다. 나중에 물어보니 행운과 복을 기원하는 행위란다. 기본 의식을 마치고 신랑 신부는 바닥에 앉아 술을 나눠 마셨다. 그리고 식이 끝나면 모두 나와 원을 그리며 전통춤을 추었다.

결혼식은 세계 어디를 가나 축복을 해주는 축제의 날이다. 신이 나고 흥겹다. 넘치는 음식과 흥겨운 노랫가락. 예식 끝부분에 노래를 부르며 마치 노를 젓는 모양의 춤을 춘다. 앞으로 신혼부부가 살다가 어렵고 힘든 일이 생기면 힘을 모아 헤쳐 나가라는 의미로 생각했다. 나중에 물어봤더니 이때 부르는 노래가 복을 기원하는 노래란다.

결혼 예식이 끝나고 어느 공연이나 마찬가지로 객석의 관객까지 어우러져 춤판이 벌어졌다. 춤 동작은 어렵지 않았다. 리듬에 맞춰 왼쪽으로 한번, 오른쪽으로 한 번씩 몸을 돌리면 훌륭한 춤이 되었다. 불필요한 동작 없이 물 흐르듯이 추는 춤, 크메르 민족의 흥이었다.

아쉽게도 저녁까지 기다리지 못하고 민속촌을 나왔다. 〈위대한 왕 자야바르만 7세〉 공연이 하이라이트인 것 같은데 아쉬움을 뒤로할 수밖에 없었다. 진작 알았으면 한낮의 무더위가 어느 정도 수그러드는 시간에 맞춰 왔을 텐데. 아쉬움이 남았다.

#2 앙코르 국립박물관(Angkor National Museum)

패키지여행으로 처음 이곳에 왔을 때 가이드에게 선택 관광으로 국립박물관이 있는데 갈 수 있는지 물어봤었다. 가이드는 그곳뿐만 아니라 어떤 선택 관광도 할 시간이 없다며 일체 진행하지 않았다.

누구는 외국에 나가면 미술관이나 박물관을 가지 말라고 한다. 박물관에 있는 문화는 이미 죽은 문화이기 때문에 밖으로 나와 살아 있는 생생한 문화를 즐기라는 것이다. 맞는 말이다. 하지만 나는 박물관을 선택했다. 한국 여행사에서 기획하는 여행 상품에는 없는 곳들을 나는 이번 기회에 찾아다니기로 했다. 나는 한국에서도 작고 아기자기한 사립박물관을 찾아다니는 재미를 알고 있었기 때문에 크메르 민족들의 다양한 문화를 엿보고 싶었다.

국립박물관에 들어서면 커다란 가방은 입구에 있는 보관함에 넣어야 한다. 힙 색이나 손가방, 핸드백 같은 작은 가방은 입장이 가능하지만 큰 가방은 입장 불가다. 물도 가지고 들어갈 수 없다.

티켓을 끊고 들어가면 오디오 해설을 대여할 수 있다. 한국어가 가능하다. 2층 계단으로 올라가 상영관으로 들어가니 영어, 중국어, 일본어, 한국어 자막이 있는 크메르 역사에 대한 영상을 상영한다. 관리자는 관람객이 어느 나라가 많은지 보고는 그 나라 자막을 틀어준다. 국립박물관을 관람하는 동안 나는 한국인을 한 명도 보지 못했다. 반은 서양인이었고, 반은 중국인이었다. 중국인들은 가이드가 인솔하여 단체로 국립박물관을 찾았다.

전시실을 순서대로 관람하면 크메르 제국에 대해 자세히 알 수 있다. 게다가 시대별로 건축한 유적지들의 특징들을 유물과 함께 설명을 해 놓았다. 앙코르와트 유적지를 가기 전에 먼저 이곳을 찾았다면 좀 더 크메르 제국의 찬란한 문화유산을 깊게 들여다볼

수 있었을 것이다. 왜 한국의 여행상품에는 국립박물관 견학이 없을까.

유적지를 돌며 가이드가 현장에서 설명을 해주는 것도 좋지만 먼저 이곳에서 전체적인 맥락을 짚고 갔다면 훨씬 더 쉽게 이해가 되었을 것이다. 아는 만큼 보이고 느끼는 것처럼 가이드의 간략한 설명을 뒷받침해 주는 배경을 이곳에서 충분히 채울 수 있다.

역대 왕들의 업적을 지나 건축 양식의 특징들을 살피고 나면 크메르 불상을 한자리에서 볼 수 있는 전시실이 나온다. 이곳에는 온통 불상만 있다. 다양한 형태, 다양한 형상, 다양한 얼굴을 하고 있는 불상들을 만날 수 있다.

마지막으로는 크메르 민족들의 생활상과 크메르 언어의 형성과 변천 과정을 볼 수 있다. 크메르 언어의 변천 과정을 보니 현대로 올수록 문자는 더 복잡해졌다. 초기 문자는 단순했는데 점점 치장을 한 것처럼 문자는 예뻐졌지만 쓰고 읽기에는 불편해 보였다. 역시 한글은 위대한 발명품이다. 전 세계가 알파벳 말고 한글을 쓰면 얼마나 좋을까.

국립박물관 내에서는 모자를 쓰면 안 된다. 더위에 깜빡하고 모자 벗는 것을 잊었다면 어느 순간 직원이 다가와 모자를 벗어 달라고 당부한다.

사진 촬영도 안 된다. 실세 바위나 유물을 전시하고 있기 때문에 만져서도, 사진을 찍어서도 안 된다. 실수로 만지거나 사진을 찍게 되면 또 어느새 직원이 슬그머니 나타나 정중히 사진을 찍지 말라고 부탁한다. 곳곳에 감시카메라가 있고, 보이지 않는 곳에 직원들의 눈이 관람객들을 지켜보고 있다. 워낙 조용히 관람하는 곳이라 그런지 직원들도 제지를 할 때 웬만해서는 말을 하지 않는다. 눈짓과 손짓, 행동으로 말을 한다. 가이드도 자기들끼리 알아들을 수 있을 정도의 크기로 설명을 한다. 아마 중국 관광객들이 제일 조용한 곳이 이곳일 것이다. 그래도 그들 곁을 지날 때면 어김없이 속닥거림은 끊이지 않았다.

#3 앙코르 파노라마 박물관
(Angkor Panorama Museum)

여행을 떠나기 전 지도를 펼쳐놓고 이곳이 어떤 곳이었는지 한참동안 기억을 떠올렸다. 찡유(엑스포 근처에 있는 야시장)에 갈 때 지나갔던 곳이 분명한데, 정확히 기억이 나지 않았다. 구글 지도에서는 이곳을 현대미술관으로 번역해 놓았지만 실제로 가보면 우리가 생각하는 현대미술관이 전혀 아니다.

이곳은 캄보디아와 북한이 합작으로 만든 곳이다. 건물 외부 설계부터 내부 설계까지 공동으로 진행했다. 북한에서는 '파노라마'라는 주제에 맞게 건물 외부를 원형으로 제시했지만 캄보디아 정부에서 자기들의 전통과 어울리지 않는다면서 정사각형을 요구했다. 대신 내부는 북한의 의도대로 원형으로 지어졌다. 앙코르 유적지를 보면 알겠지만 만다라 구조로, 대부분이 정사각형 구조를 이루고 있기 때문에 이 박물관 역시 정사각형을 고집했다.

주차장에 뚝뚝을 세우고 안으로 들어가려고 했더니 뚝뚝 기사가 같이 가자며 뛰어왔다. 뚝뚝 기사는 여기에 한 번도 와 본 적이 없다며 동행했다. 알고 봤더니 뚝뚝 기사는 입장이 무료다.

표를 끊고 안으로 들어가려니 안내원이 잠시만 기다리라며 손짓을 했다. 나에게 어디서 왔는지 물었고, 해설자가 곧 오니 기다리란다. 한국어 해설을 해주는지 물었더니 한국어로 해설을 해준단다. 나는 한국어를 아주 잘하는 캄보디아 해설자가 올 줄 알았다. 그런데 아니었다.

"한국말 잘하시네요."

"네, 조선 사람입니다."

이때까지 나는 조선족인 줄 알았다. 알고 봤더니 북한에서 파견 나온 해설자였다. 이 박물관은 캄보디아와 북한이 합작으로 만들었고, 공동으로 운영되고 있었다. 해설자는 아주 상세하게 크메르 제국의 역사와 자야바르만 7세를 비롯해 중요 왕들, 그리고 건축물들의 특징들을 일목요연하게 설명해 주었다. 단체로 온 중국 관광객들이 먼저 지나갈 때까지 잠시 기다리고는 다시 설명을 이어 갔다.

1층에 전시되어 있는 크메르 역사를 훑고 나면 2층으로 올라가

360도 회전 그림을 감상한다. 그리고 다시 1층으로 내려와 앙코르와트 건설 내용을 담은 영상을 보면 관람이 끝난다. 어찌 보면 입장료에 비해 너무 간단하다고 생각할 수 있다. 하지만 2층으로 올라가 360도 회전 그림을 보면 입이 떡 벌어진다.

그림과 실물을 구분할 수 없다. 그만큼 입체적으로 완벽하게 잘 그렸다. 바닥은 실물이고, 벽면은 그림이지만 어디서부터 그림인지 전혀 구분할 수가 없었다. 그림은 자야바르만 7세의 전쟁 이야기와 크메르 전통과 민속 등을 그렸다.

파노라마에 등장하는 사람이 총 4만 5천 명인데, 63명의 북한 화가가 직접 이곳에 와서 3개월 동안 그림을 그렸다고 한다. 경외심까지 느껴질 정도다.

여행 블로그를 찾아보면 누군가 이곳을 가지 말라고 해놓았다. 이곳의 수입원이 북한의 핵 만드는 비용으로 들어간다고. 그래서 한국인들이 안 오는 것인지도 모르겠다. 하지만 중국은 쉬지 않고 단체로 들어온다. 북한 핵 비용을 아마 중국에서 대는 것 같다.

나는 이곳이 북한과 캄보디아가 공동으로 운영하는지도 몰랐고, 내가 지불한 티켓비가 얼마나 북한 핵에 도움이 될지 잘 모르겠다. 게다가 나는 티켓 하나로 두 명이 봤으니 50% 할인된 가격으로 관람한 것이나 마찬가지다. 캄보디아 사람이라도 뚝뚝 기사나 가이드가 아니면 11달러의 입장료를 내야 한다. 그만큼 누구나 쉽게 관람할 수 있는 곳이 아니다. 사람마다 정치적 이념과 생각이 다를 수 있다. 굳이 이곳을 꼭 가라고 권하고 싶지는 않다.

파노라마 입체 그림에 빠져 있는 동안 해설자는 말없이 기다려줬다. 어느 정도 그림을 만끽하고 나자 1층 상영관으로 안내했다. 해설자는 과하지도, 그렇다고 부족하지도 않을 만큼의 친절과 배려로 상영관으로 들어갈 때까지 안내를 해주었다.

영상은 애니메이션이다. 프놈 꿀렌에서 바위를 채취하고 코끼리를 이용해 시엠립 강까지 운반해서 뗏목에 바위를 실어 나르는 과정을 실감나게 표현했다. 대제국 크메르의 건설이 담겨 있었다.

밖으로 나오면서 동행한 뚝뚝 기사가 연신 엄지손가락을 치켜들었다.

#4 전쟁박물관(War Museum)

전쟁박물관은 탱크 몇 대 갖다 놓은 것이 끝이라는 소리를 들은 적이 있다. 그래서 가지 말라는 것이다. 이 소리를 듣고 설마했는데 진짜 그렇다.

입구에 도착하자 서양 관광객들이 우르르 몰려나왔다. 그들이 입구를 막고 있어서 잠시 밖에서 기다려야 했다. 그때까지만 해도 설마라는 생각이 지배적이었다. 서양 관광객들이 빠져나가고 안

으로 들어섰다. 전쟁 때 사용했던 무기들이 잔디 위에 열을 맞춰 놓여 있었다. 이게 끝이다. 역시 그 사람 말이 틀리지 않았다. 그래도 그냥 갈 수는 없다. 한 바퀴 돌았다. 사진도 찍었다. 날씨가 도와줬다. 만약 타죽을 정도로 강렬한 햇볕이 내리쬐었다면 짜증을 냈을 것이다. 마침 해가 나지 않는 서늘한 날씨라 여유롭고 한가히게 산책하듯 전쟁 때 사용했던 무기들 사이를 돌아다녔다.

하기야 전쟁박물관에 무엇이 있어야 만족할까. 프놈펜에 있는 킬링필드 고문소를 찾은 적이 있다. 그곳에 들어서는 순간 등줄기를 훑는 서늘함이 느껴졌다. 다양한 방법의 고문이 자행되었고, 수많은 무고한 사람들이 목숨을 잃은 곳. 인물사진이 영정사진처럼 빽빽이 걸려 있는 그곳에서 크메르 루즈의 잔혹성을 볼 수 있었다. 그렇다면 이곳에서는? 낡고 부식된 무기들처럼 전쟁은 끝난 것이 아니라 잠시 멈춰 있는 것이 아닐까 생각했다. 실제로 아직까지 전쟁은 진행 중이다. 단지 재래식 무기가 아닌 기아와 가난, 성차별과 인종차별, 인권과 박해 등 보이지 않는 다양한 현대식 첨단 무기로 온 지구는 전쟁 중이다.

진열된 무기 옆으로 나 있는 길을 걷다 떨어진 망고를 봤다. 전쟁과 생명, 무엇으로도 전쟁은 용납될 수 없다. 아무도 떨어진 망고를 줍지 않았고, 누구도 망고를 치우지 않았다. 전쟁은 떨어진 망고처럼 잊히는 기억이 되면 안 된다.

전쟁박물관에 탱크 몇 대가 있는 것은 당연하다.

#5 앙코르와트 미니어처
(Miniature replicas of angkor's temples)

내가 이곳을 어떻게 찾았을까? 입구를 발견한 순간 뿌듯했다. 지도에는 나와 있는데, 사람들에게 물어봐도 아무도 몰랐다. 지도에서 위성 보기로 해서 찾으려 해도 위성지도가 오래된 것인지 비슷한 골목을 찾을 수 없었다. 무작정 골목에 들어가 보고 아니다 싶으면 다시 나와 다른 골목을 들어갔다 나오면서 헤매는 중에 드디어 발견했다. 국립박물관에서 시엠립 강을 건너 성당 옆 골목 안에 있었다. 돌이켜보면 성당만 알면 찾기 쉬웠다.

이곳을 선택한 이유는 간단했다. 앙코르 유적지에 가기 전에 공중에서만 볼 수 있는 만다라 형상을 보고 싶었다. 미니어처로 제작된 앙코르와트를 위에서 내려다보면 쉽게 이해가 되겠다는 생각에서였다.

앙코르와트와 다른 사원들을 미니어처로 제작해 놓은 곳이라 나름 한국에 있는 사립박물관들을 생각했다. 그러나 막상 안으로 들어가니 상상했던 것과는 완전히 달랐다. 이곳은 박물관이나 갤러리라고 할 수 없다. 개인 집에 한 노인이 앙코르와트를 비롯해 여러 유적지를 조각해 놓았다. 입장료는 1달러고, 단체 관광객은 전혀 없다. 간혹 서양 관광객들이 조용히 찾아왔다가 소리 없이 나가는 곳이다.

입구에서 백발이 성성한 어르신이 반갑게 맞이했다. 주머니에서 꼬깃꼬깃해진 1달러를 드리고 안으로 들어섰다. 작업대에는 유적지 설계도가 펼쳐져 있었고, 설계도를 보면서 돌에 조각을 하고 있는 중이었다. 아마도 이분이 직접 조각을 하는 모양이었다.

세계 어디나 장인은 있다. 한국에도 장인이 있고, 국가무형문화재로 지정을 받으면 아주 적은 지원금을 받는다. 이분은 캄보디아의 장인이다. 섬세한 크메르 민족의 조각예술을 이어 가고 있었다.

작품 하나를 제작하는 데 짧게는 3년에서 길게는 5년이 걸렸다고 한다. 위에서 볼 수 없냐고 물어보니 관람 포인트가 따로 있다며 계단을 가리켰다. 전망대처럼 꾸며 놓은 곳으로 올라가니 앙코르와트와 바이온 사원이 한눈에 들어왔다. 위에서 보니 정말 정교하다. 배치나 조각의 섬세함이 그대로 살아 있었다. 프랑스 잡지에도 자신이 소개되었다며 펼쳐 보여 줬다.

막상 가보면 실망할지도 모른다. 무엇을 상상하든 실망감은 몇 배가 되어 되돌아올지도 모른다. 이게 뭐야, 하는 식의 탄식이 나올 수도 있다. 하지만 들어갈 때와 다르게 나올 때에는 의외의 경외심이 생길 수도 있다. 모든 장인들은 외고집이다. 한길을 묵묵히 걷는다는 것이 쉽지 않다.

그가 조각한 아시아의 보석이라고 하는 반띠 스레이를 가까이에서 찬찬히 들여다보면 장인의 손길이 정말 섬세하다는 것을 느낄 수 있다. 정확히 자로 재고, 사진과 설계도를 번갈아보면서 한

치의 오차도 없이 그대로 축소한다는 것은 쉬운 일이 아니다. 그것을 이 장인은 해냈고, 또 계속하고 있다.

사진 한 장을 부탁드렸다. 사진도 포인트가 있었다. 자신이 만든 앙코르와트 미니어처에 앉아 자연스럽게 포즈를 취했다. 여기 저기서 취재를 많이 다녀간 모양이다.

입장료 1딜러가 아깝다면 군이 시간을 내 갈 필요는 없다. 하지만 앙코르와트 여행 중에 지갑에서 빠져나가는 수많은 1달러 팁들과 비교한다면 과감히 이곳을 권하고 싶다. 우리에게는 작은 1달러일 수 있지만 장인에게는 힘이 되는 소중한 자부심이다.

#6 디우 갤러리(Diwo Gallery)

시내에서 톤레삽 호수로 가다 보면 왼쪽으로 시엠립 강을 건너 나름 규모가 있는 사찰이 나온다. 사찰로 건너가기 위한 다리에 '디우 갤러리'라는 커다란 간판이 있다. 톤레삽 호수를 매번 갔다 올 때마다 이곳이 궁금했다. 시엠립에도 미술관이 있구나. 캄보디아의 미술관은 어떨까. 매번 일행이 있어 가지 못했던 궁금증을 풀기 위해 길을 나섰다.

다리를 건너 오른쪽으로 표시되어 있는 이정표를 보고 한참을 들어갔다. 길은 점점 좁아졌고, 학교가 나왔다. 수업이 끝났는지 학생들이 길을 메우고 있었다. 비포장도로를 덜컹거리며 다시 안쪽으로 들어갔다. 관광객들이 쉽게 찾을 수 없을 만큼 안쪽으로 깊숙이 들어가니 오른쪽에 디우 갤러리가 나왔다.

　이곳에도 역시 관광객들이 없었다. 마당에는 꼬맹이들이 시끌벅적하게 뛰어다니며 놀고 있었다. 일반 가정집을 잘못 찾아온 것이 아닐까 싶어 뛰어노는 아이들을 보고 있는 어른에게 물었더니 맞는다며 들어오라는 손짓을 했다. 그 사람은 안으로 들어서며 전시장을 밝히는 조명을 차례대로 켰다. 전시장에는 시엠립 어디서나 볼 수 있는 조각품들이 놓여 있었다. 조심스럽게 안으로 발을 디디며 속으로는 약간의 실망감을 감추지 못했다.

　그 사람이 켜주는 불길을 따라 전시장 내부를 돌았다. 2층은 가정집이다. 1층에는 각종 목공예와 조각품들을 전시해 놓고 판매까지 하고 있다. 전시장을 지나 작게 마련되어 있는 야외에는 조각상 몇 개가 있다. 전시장과 야외 전시장 사이에 작은 공간에는 차를 마실 수 있는 테이블과 의자가 놓여 있어 이곳에서 차를 주문해서 마실 수도 있다. 별로 볼 것이 없다는 생각으로 그만 돌아설까 했는데 벽에 걸린 사진이 나를 잡아끌었다. 노파와 젊은 여인. 입을 가리고 카메라를 응시하는 노파의 눈빛에서 눈을 뗄 수가 없었다. 굵은 주름과 애절하면서 간절하게 뭔가를 말하고자 하는 노파의 눈빛. 하지만 정작 손으로 입을 가리고 아무 말도 하지 않는, 아니 어쩌면 말을 할 수 없는 그녀의 삶이 가슴 뭉클하게 다가왔다. 사진 한 장이 전하는 메시지는 방대한 역사소설보다 더 깊고, 울림이 크다.

노파 사진을 지나니 파이프를 입에 물고 있는 젊은 여인의 사진이 강렬하게 나를 노려봤다. 노파의 눈빛이 미처 쏟아내지 못하는 응어리를 담고 있다면, 젊은 여인의 눈빛은 경계심이 가득한 중압감을 담고 있다. 머리에 두건을 두르고 입에 파이프를 문 것으로 보아 농장에서 일을 하다가 잠시 쉬는 시간을 포착한 것 같았다. 그런데 그녀의 눈빛에서 뿜어져 나오는 생동감은 살아 있음을, 살고 있음을, 살아야 할 강렬한 삶의 표독스런 저항감을 그대로 표현해 내고 있었다.

한참을 이 두 여인에게 매료되어 꼼짝할 수 없었다. 어느 정도 그들과 눈을 맞추고 돌아서려는데 막 안으로 들어온 캄보디아 여인이 다가와 인사를 건넸다. 아무런 정보도 없이 무작정 찾아온 이곳의 이야기를 그제야 알 수 있었다.

디우는 그녀의 남편이다. 디우는 프랑스 사진작가이며, 1992년부터 시엠립에 살고 있다. 그동안 캄보디아 이곳저곳을 돌아다니며 사진을 찍었다. 몇 권의 사진집을 출간했고, 캄보디아 국영방송에도 출연했다. 시내 펍스트리트에 디우 갤러리라는 숍도 함께 운영하고 있었다. 펍스트리트를 잘 가지 않아서 몰랐는데 나중에 그곳에 가보니 전시보다는 주로 판매를 하고 있었다.

디우의 아내와 한참을 얘기했다. 나는 두 여인의 사진을 가리키며 매료되었다고 했다. 그녀는 남편이 펴낸 사진집을 보여 줬

다. 사진집에는 불과 20여 년 전의 캄보디아가 고스란히 담겨 있었다. 20여 년 전이라고 하지만 지금과 비교를 한다면 까마득한 시간의 저편에 그들은 머물고 있었다.

디우의 사진집을 넘기다가 반가운 얼굴을 만났다. 바로 앙코르와트를 미니어처로 제작한 장인이 밝게 웃고 있었다. 나는 그를 가리키며 안다고 했다. 휴대폰으로 찍은 장인의 사진을 보여줬다. 그녀는 내 휴대폰의 사진을 보더니 소리 내서 웃었다. 그녀는 남편이 찍은 사진과 내 휴대폰의 사진을 번갈아 가리켰다. 자세히 보니 장인의 포즈와 배경이 똑같았다. 역시 사진 포인트가 있었고, 사진을 찍자는 요청이 있으면 장인은 언제나 같은 곳에서 같은 포즈를 취했던 것이다. 그녀의 웃음소리에 내 웃음소리가 더해졌다.

그녀는 나에게 어떻게 알고 찾아왔냐고 물었다. 나는 매번 간판을 보면서 궁금했었다고 했다. 이번에 기회가 닿아 왔는데 찾기 힘들었다고 했다. 그녀는 이곳까지 찾아와줘서 고맙다며 언제든 또 오라고 했다. 나는 다음에는 친구들과 함께 오겠다고 했다. 그리고 디우의 사진을 좋아하는 팬이 한 명 늘었다고 디우에게 전해달라고 했다.

늘 예상치 못했던 즐거움이 곳곳에 숨어서 기쁨을 주는 것이 바로 여행일 것이다. 남들은 모르는 나만의 장소를 찾은 뿌듯함에 덜컹거리는 비포장도로에 몸이 솟아오를 때마다 즐거운 음표처럼 나도 통통 뛰었다.

#7 팀스 하우스(Theam's House)

위대한 세계문화유산을 남긴 이들의 현대예술은 어떨까 궁금했다. 그토록 찬란한 예술의 꽃을 피웠던 크메르 민족들의 현재 예술은 어떨까. '캄보디아' 하면 앙코르와트가 떠오르고, 관광객들은 유적지에 새겨진 예술만 보고 돌아간다. 이들의 예술이 어떻게 변했고, 어떤 형태로 현재를 향유하고 있는지 알고 싶었다.

지도를 펼치고 갤러리나 미술관을 찾았다. 어떤 그림을 전시하고, 어떤 갤러리인지 아무런 정보도 없이 무작정 지도만 들고 찾았다. 갤러리는 지도에 꽤 많이 나와 있다. 그러나 대부분의 갤러리는 옷이나 기념품을 전시 판매하는 곳이었다. 한 군데씩 지워나가다 팀스 하우스를 선택했다.

팀스 하우스, 역시 다른 곳처럼 현지인들이 몰랐다. 뚝뚝 기사나 숙소 직원 누구도 시원하게 어디라며 아는 체를 하지 않았다. 우선 30번 도로로 나갔다. 30번 도로에서 또다시 골목마다 들어가며 프린트해 간 지도를 펼쳐 보였다. 모두들 고개를 절레절레 흔들었다. 조금 더 안으로 들어가기로 했다. 비포장도로를 헤매며 지도를 보여 줬을 때 누군가 손가락으로 가리켰다. 바로 앞에 팀스 하우스가 있었다. 누가 제대로 알려 주지 않으면 무심코 지나칠 정도로 작았다.

입구에서 잠시 망설였다. 안을 들여다보니 정원이 있어서 혹시 식당이 아닌가 싶었다. 입구 바로 안에 안내 직원이 나를 발견하

고 마중 나왔다. 팀스 하우스가 맞고, 식당이 아니라 갤러리라고 했다. 이어서 바로 팀이 나왔다. 팀스 하우스는 '팀이라는 화가의 집'이라는 뜻이다. 팀은 나와 인사를 나누고 직원의 안내를 받으라고 했다. 직원의 안내를 받으며 전시실을 돌았다. 사진을 찍어도 되냐고 물었더니 야외에 있는 것은 찍어도 되지만 내실에 전시되어 있는 것은 사진 촬영이 안 된다며 활짝 웃었다. 부정적인 단어를 말할 때도, 거절 의사를 밝힐 때도 이들은 웃었다. 외국인이라서 그렇기도 하지만 아마도 미안함이 커서 그런 것이 아닐까.

여느 갤러리와 비슷하게 불상부터 시작한 각양각색의 조각품이 작은 전시실을 메우고 있었다. 통로처럼 되어 있는 팀스 하우스의 전시실을 지나자 작업실로 안내했다. 작업실 앞에는 팀에 대한 프로필이 영어로 소개되어 있었다. 그는 캄보디아에서 태어났고, 프랑스에서 유학을 하고 돌아와 시엠립에서 그림을 그리며 갤러리와 화실을 운영하고 있다.

작업실에는 그가 그린 그림의 마지막 작업이 진행 중이었다. 팀은 유화나 물감으로 그림을 그리지 않았다. 전부 래커로 그림을 그렸다. 그래서 맨 마지막에는 래커로 그린 그림에 코팅을 입히는 작업을 해야 한다. 마지막 작업은 팀이 하지 않고 직원이 했다.

그가 주로 그린 그림은 캄보디아다. 자신이 돌아다니며 직접 찍은 사진을 래커로 그린다. 그가 그림의 중심에 놓는 것은 인물이다. 어찌 보면 그는 민족의 자화상, 자신의 자화상을 그리고 있는 건지도 모른다. 프랑스에서 유학을 하고 돌아올 정도면 굉장한 엘리트다. 그런 그가 상업성이 아닌 예술의 진정성을 자신 안에서 찾고 있었다.

그는 그림을 그리는 것뿐만 아니라 주변 예술인들과의 교류도 하고 있었다. 팀스 하우스 한쪽에는 작은 무대가 마련되어 있는 홀이 있다. 이곳이 어떤 곳이냐고 물었더니 외국 아티스트들이 오면 모여 세미나 등을 연다고 했다. 그가 캄보디아의 예술을 견인하는 역할을 하고 있는지도 모른다. 이럴 때면 영어를 못하는 내 자신이 정말 싫다. 물어볼 것도 많고, 알고 싶은 것도 많은데 이놈의 언어 장벽에 부딪쳐 돌아서야 하는 내 꼴이 안타깝다.

팀스 하우스에는 젊은 친구들이 많다. 물어봤더니 팀의 제자들이란다. 팀은 재능 있는 청년들을 제자로 받아들여 그림을 그릴 수 있도록 도움을 주고 있다. 열악한 생활환경과 문맹률이 높은 이곳에서 하루하루를 살아가는 데도 버거운데, 이들에게 그림은 사치일 수 있다. 하지만 이들의 생활을 자세히 들여다보면 늘 예술과 함께 하고 있다.

국립박물관 옆에 있는 주립공원에 가면 실물을 보지도 않고 바로 앙코르와트나 바이온 사원을 그리고 있는 화가들을 만날 수 있다. 또한 올드마켓이나 펍스트리트, 나이트마켓에 가면 손으로 직접 그린 그림카드를 1달러에 2장씩 팔고 있다. 유적지에 가면 아이들이 밤새 어머니와 함께 만든 팔찌와 목걸이를 바구니에 담아 팔고 있다. 나이트마켓이나 아트마켓, 올드마켓에서 파는 귀금속이나 주얼리는 전부 핸드 메이드다. 이처럼 이들은 예술로 생활을 하고 있었다. 고귀한 감상이나 평론으로 평가하는 자본주의의 예술이 아닌 생활을 위한 예술을 이어 가고 있었다.

팀스 하우스는 잘 가꾸어진 가든 같은 느낌이다. 전시실을 돌아다니다 밖으로 나와 정원에 마련한 의자에 앉아 언제까지든 쉴 수 있다. 직원도 재촉을 하지 않는다.

크메르의 현대 아티스트를 만나고 싶다면 팀의 집으로 가보라고 권하고 싶다. 그의 단단하면서 의미심장한 색채들이 방문객들을 크메르만의 숨결로 잡아끌 것이다.

#8 버려진 사원(Kouk Chak Temple)

시엠립에는 사원이 정말 많다. 앙코르와트 자체가 사원이다. 와트(Wat)는 크메르어로 '사원(Temple)'이라는 뜻이다. 한국에도 산마다 사찰이 있는 것처럼 시엠립에는 곳곳에 사원이 있다. 사원에는 대부분 학교가 있다. 중학교, 고등학교가 사원 옆에 있다. 하교 시간이면 학교 주변 교통이 마비될 정도다. 그만큼 아이들도 많고, 학교도 많다. 하지만 여전히 학교에 가지 못하는 아이들도 많고, 글자를 못 읽거나 쓰지 못하는 아이들도 많다.

지도를 펼치고 돌아다닐 곳을 탐색하다가 희한한 곳을 발견했

다. '쿡착'이라는 사원이다. 역시 지도에는 오래된 사원이라고만 되어 있고, 어떠한 설명도 없다. 인터넷을 뒤져봐도 아무런 정보가 없다.

이곳은 혼자 가기 힘들 것 같아 뚝뚝 기사를 불렀다. 위치는 팀스 하우스 근처에 있었다. 30번 도로에서 북쪽으로 나 있는 이면도로로 한참을 들어갔다. 아무리 가도 나오지 않자 뚝뚝 기사는 휴대폰으로 내비게이션을 켜고 위치를 확인했다. 지나왔다며 유턴을 했다. 이정표도, 표지판도 없는 곳을 뚝뚝 기사는 잘도 찾아냈다. 일본 국제학교 바로 옆에 다 쓰러져가는 작은, 아주 작은 건물 두 개가 덩그러니 벌판에 놓여 있었다. 뚝뚝 기사는 시동을 끄며 그곳을 가리켰다.

뚝뚝에서 내려 천천히 걸어갔다. 양가위 감독의 〈동사서독〉을 보면 사막에 흙으로 지은 주막이 나온다. 그리고 서극 감독이 만든 〈칼(刀)〉이라는 영화를 보면 역시 사막에 흙으로 만든 다 쓰러져 가는 건물이 나온다. 주인공은 그곳에서 최고의 무공이 적힌 책을 발견하고 복수를 한다. 멀리서 사원을 봤을 때 이 두 영화 속 흙집이 떠올랐다. 아무도 찾지 않는 은둔자들의 안식처. 세상과 인연을 끊은 자들의 휴식처.

무너지지 말라고 사원 입구에 나무를 덧댔다. 뒷벽 역시 무너지지 말라고 나무로 받침대를 세웠다. 어느 시기에 만들어졌고, 무슨 용도였는지 알 수가 없다. 안내문도, 표지석도 없다. 흙으로 벽돌을 만들어 차곡차곡 쌓아 올린 벽이 우르르 무너졌고, 엉겅퀴처럼 생긴 나무가 사원을 포용하듯 안고 있다.

입구 위에 새겨진 조각은 사뭇 반띠 스레이에서 볼 수 있는 조각 같았다. 나는 전문가가 아니니 뭐라고 설명을, 해설을 할 수 없지만 여러 유적지에서 볼 수 있는 조각을 해놓았다.

시간도 많겠다, 천천히 느긋하게 사원을 돌았다. 그래야 겨우 몇 분. 이면도로에서도 어느 정도 떨어져 있는 이곳을 찾는 사람이 있을까. 사원 옆에는 천막이 쳐져 있다. 조금 전까지도 사람이 있었던 것 같다. 안내원일까, 아니면 이곳에 거주를 하고 있는 사람일까.

조금은 아쉬움과 조금은 씁쓸함을 접은 채 돌아서는데, 한쪽에서 풀을 뜯고 있는 소 떼가 보였다. 가까이 다가가 휴대폰을 들이댔다. 그랬더니 나를 처음 발견한 소가 고개를 들고 꼼짝을 하지 않았다. 옆에서 눈치 챈 다른 소들도 나를 똑바로 쳐다보며 꼼짝하지 않았다. 마치 사진 포즈를 취하는 것처럼 미동초자 하지 않았다. 나는 몇 컷을 찍고 웃으며 손을 흔들었다. 녀석들도 알아들은 것일까. 조금씩 멀어지는 나를 보더니 다시 풀을 뜯기 시작했다. 아마도 경계를 한 것이었겠지, 설마 사진 포즈를 취했을까.

시엠립 전체가 유적지가 아닐까 하는 생각이 들었다. 우리도 모르고, 그들도 모르는 수백, 수천 년 전의 시간이 곳곳에 웅크리고 미소 짓는 것을 못 보는 것일 수도 있다. 심호흡을 해봤다. 그들의 시간이 만져지기를 기대하면서.

앙코르에서 만난
타오르는 '한낮'

#1 휴양

숙박객 중에 동양인은 나 혼자였다. 가끔 나를 마치 투숙객이 아닌 스태프로 생각하면서 인사를 건네는 서양인들이 있었다. 하긴 며칠 돌아다니는 사이에 나는 현지인처럼 온통 시커멓게 그을린 상태였으니 그럴 만도 했다.

연인인지, 부부인지 매일 아침마다 만나는 서양인 한 쌍이 있었다. 첫날에는 인사를 하지 않았다. 부끄러움과 낯가림, 그리고 무엇보다 영어 울렁증이 큰 내가 눈이 마주칠 때마다 고개를 돌려버렸다. 얼떨결에 "헬로" 하며 인사를 건네는 순간, 폭풍 질문을 받으면 어떻게 하나 하는 두려움이 컸다. 하지만 매일 마주치다 보니 인사를 할 수밖에 없었다. 남자가 먼저 나에게 아침인사를 했고, 이어서 여자도 눈인사를 했다. 이걸로 끝이었다. 뒤이어 몰려올 영어로 된 폭풍 질문을 예상한 내가 멍청했다. 그들도 그들만의 시간을 갖기 위해 여행을 온 것이다. 서로 방해가 되지 않도록 약간의 친숙함을 겸비한 일정한 거리감을 원했던 것이다.

시내에 있는 숙소라면 이런저런 질문을 던지고 친해지려고 하는 관광객들이 많겠지만 이곳은 시내에서 떨어져 있고, 휴양의 개념이 강한 곳이라 그런지 관광객들이 지나치게 참견을 한다거나 선을 넘어 다가오지는 않았다. 매일 마주치니 익숙함에 대한 예의 정도로 목례를 하는 게 전부였다.

그들은 항상 아침을 먹고 나면 수영장에서 수영을 했다. 그것이 얼마나 부러웠던지, 수영복을 안 갖고 온 것을 후회했다. 그러면서 가지고 온 바지 중에 물에 젖어도 되는 반바지가 있는지 생각해봤다. 머릿속에 딱 하나가 떠올랐다. 몇 년 전에 산 반바지였는데 너무 짧아서 한국에서는 입고 다니지 못했다. 여행 짐을 싸면서 이곳에서는 나를 아는 사람이 없으니 괜찮겠지 하며 챙겨온 바지가 떠올랐다.

방으로 올라가 바지를 찾았다. 맨 아래 차곡차곡 개어 있었다. 반바지를 꺼내 입었다. 그러나 그 순간, 아침을 먹고 시원한 풀에 들어가 하늘을 보고 누워 두둥실 떠있으리라는 꿈만 같던 내 상상은 폭탄을 맞은 것처럼 산산조각 나 깔끔하게 날아갔다. 어떻게든 바지를 입기는 입었는데, 바지 앞단추가 채워지지 않았다. 곰곰이 기억을 더듬었다. 불과 4년 전에 산 바지가 이렇게 작아지다니. 아니다. 바지가 작아질 리는 없다. 불과 4년 만에 내 배가 주체할 수 없을 만큼 부풀어 오른 것이다. 그래도 혹시 아침을 거나하게 먹어서 그런 것이 아닐까 하는 소심한 희망을 품고 심호흡을 해 봤지만 역시나 소용이 없었다.

반바지를 도로 벗으면서 수영장에서 꾸는 달콤한 꿈은 접기로 했다. 대신 나는 맥주와 책을 들고 내려갔다. 왜 이 생각을 못했을까. 수영장에는 파라솔이 있었고, 그 뒤에는 편하게 누울 수 있도록 시트가 침대처럼 꾸며져 있었다. 그곳에서 나는 멋진 휴양을 보내리라.

#2 한국어 가이드 비스나를 만나다

휴양도 하루 이틀이지 가지고 간 책을 다 읽어버렸다. 맥주를 마시면서 책을 읽으면 알딸딸해져서 읽은 데를 또 읽고, 또 다시 읽고 하지 않을까 싶었지만 취기는 그렇게 쉽게 오르지 않았다. 책을 읽다 보니 맥주 마시는 것을 깜박하게 되었고, 맥주를 한 모금 마시니 더위가 가시면서 책이 더 잘 읽혔다. 이 수영장에서 벗어나야 했다. 나는 수영장이 있는 도서관에 오려고 교통편으로 비싼 비행기를 탄 것이 아니다. 나는 마지막 남은 책 한 권을 과감히 접었다.

숙소 밖으로 나와 남쪽으로 걸었다. 찻길을 건너고 이면도로 안으로 들어섰다. 서양인들이 우르르 나오는 숙소를 지났고, 또 서양인들이 버스에서 내려 우르르 올라가는 레스토랑을 지났다. 큰 도로도 마찬가지지만 이면도로에도 인도는 없다. 하지만 여기만의 질서가 있다. 우측통행. 자동차, 뚝뚝이, 오토바이, 사람 모두 우측통행을 지킨다. 빨리 달리는 차도 없고, 굉음을 내며 질주하는 폭주족도 없다. 알아서 피해 가고, 알아서 조심 운전을 한다.

왼쪽과 오른쪽을 번갈아 바라보면서 걷다가 나는 눈이 휘둥그레졌다. 맙소사. 내가 발견한 것은 기타를 파는 곳이었다. 가게 앞에 커다란 앰프가 여러 대 놓여 있었고, 기타 몇 대가 벽에 걸려 있었다.

지난번에 시엠립에 왔을 때 숙소 직원에게 혹시 기타 파는 곳을 아느냐고 물은 적이 있다. 그는 자기는 모르지만 친구가 안다며 연신 전화를 돌렸다. 다음 날 일찍 우리는 그의 오토바이를 타고 기타 파는 곳으로 갔다.

　기타 매장 점원은 영어를 할 줄 몰랐다. 여행지니까 나는 크기가 작은 미니 기타를 골랐다. 이것저것 골라서 쳐보고 그나마 괜찮은 녀석을 잡았다. 얼마냐고 물었다. 100달러. 일단 깎자. 기타 상태에 비해 가격이 생각보다 비싸다며 얼마까지 해줄 수 있냐고 물었다. 넥도 휘었고, 줄도 많이 떴기 때문에 그 액수는 무리가 있다고 했다. 기타 점원이 기타를 살펴보더니 나보고 얼마면 되겠냐고 되물었다. 나는 과감히 반값으로 후려쳤다. 점원이 손을 저었다. 75달러까지 해주겠단다. 고민했다. 통역을 해주는 숙소 직원이 내 편이기를 간절히 바라면서 다시 얘기했다. 숙소 직원과 기타 점원이 서로 뭐라고 한참을 얘기하더니 70달러 밑으로는 안된단다. 나는 몇 번이고 아쉽고, 불쌍한 표정을 지어봤지만 소용이 없었다. 과감히 살 수도 있었지만 그 가격이면 기타 상태에 비해 굉장히 비싼 편이었다. 내가 기타를 모르는 사람이라면 살 수도 있었지만 한국과 비교했을 때 터무니없는 가격이었다.

　어쩔 수 없이 나는 발길을 돌려야 했다. 돌아오면서 숙소 직원에게 시엠립에 기타 가게가 이곳뿐이냐고 물었다. 그는 시엠립에서 유일하게 기타를 파는 곳은 이곳뿐이라고 했다. 그의 말을 믿고 기타를 포기하고 있었는데 눈앞에 기타가 망고 열리듯이 주렁 주렁 매달려 있었다. 나는 자석처럼 기타 가게 안으로 빨려들어 갔다.

젊은 점원이 나를 맞이했다. 나는 안으로 더 들어가 벽에 진열되어 있는 기타를 훑었다. 내가 마음에 들어 하는 기타를 발견하자 점원은 기타를 꺼내 나에게 건넸다. 상태가 어떤지 몇 곡을 치고 있으니 바로 옆 철물점 주인이 다가왔다. 기타 가게 주인이 철물점도 함께 운영하고 있었다. 처음 잡은 기타가 별로라서 다른 기타를 기웃거렸더니 주인이 재빨리 기타 몇 대를 추천했다. 역시 주인은 주인이다. 주인이 기타 튜닝을 하고 음이 제대로 맞았는지 곡을 연주했다.

"오, 스콜피언스. Holiday!"

주인이 연주하는 곡을 아는 체했더니 반색하면서 나에게 기타를 넘겼다. 그가 친 부분을 이어서 내가 핑거주법으로 연주했다. 주인은 "오! 핑거!" 하며 신이 났는지 얼른 다른 기타를 잡고 튜닝을 했다. 튜닝을 마친 기타로 주인은 캄보디아 곡을 연주했다. 주인은 튜닝한 기타가 마음에 드는지 한국 노래를 듣고 싶다며 기타를 나에게 넘겼다. 순간 어떤 곡이 좋을지 생각을 했다. 이럴 줄알았다면 케이팝을 열심히 듣고 올 걸 하는 후회가 들었다. 잠시 고민하다가 누가 들어도 감정을 쉽게 공감할 수 있는 김광석의 곡을 선택했다. 피크를 달라고 해서 연주를 시작하는데, 이 주인은 애초에 한국 노래에는 관심이 없었다. 바로 다른 기타를 꺼내 튜닝을 시작했다. 낡았다.

주인이 건네는 여러 대의 기타를 계속 받아들고 같은 곡만 여러 번 쳤다. 그리고 마음에 드는 기타를 골랐다. 이 정도면 여행지에서 심심할 때 갖고 놀기에 충분하다고 생각했다. 가격을 물었다. 100달러. 역시 그렇군. 그렇다면 깎아야지. 얼마까지 가능한지 물었다. 80달러. 내가 너무 비싸다고 했다. 주인은 다른 기타를 내밀며 35달러라고 했다. 35달러짜리 기타는 정말 칠 수 없는 상태였다. 기타라고 하기에는 조금 무리가 있었다. 나는 80달러까지 해줄 수 있는 기타를 잡고 물고 늘어졌다. 결국 75달러까지 내려갔다. 머릿속으로 낙원상가에 있는 기타들을 떠올렸다. 75달러면 약 8만 원이 넘는 금액이다. 나는 이렇게 된 거 조금 더 깎아보려고 했다. 65달러를 제시하자 주인은 난색을 표했다. 절대 그 가격에는 팔 수 없단다. 캄보디아인의 자존심이 허락하지 않는다고 했다.

나는 오케이라고 얘기하고 70달러에 하자고 했다. 그리고 케이스와 줄, 튜너기, 피크를 달라고 했다. 그랬더니 주인이 손바닥을 쫙 펼쳐 좌우로 흔들었다. 75달러에 오직 기타만 준다고 했다. 피크는 무료지만 케이스와 줄, 튜너기는 따로 계산을 해야 한다고 했다. 나는 작년에 갔었던 기타 파는 곳을 아냐고 물었다. 주인은 자기 친구가 하는 곳이란다. 시엠립은 좁아서 음악 하는 사람끼리는 다 알고 지낸다고 했다. 다시 흥정에 들어갔다. 75달러에 케이스까지. 한국에서는 기타를 사면 세트로 다 주지만 내가 많이 양보해서 케이스만 받겠다고 했다. 케이스가 없으면 비행기 탈 때 어떻게 가지고 갈지 고민이 되었다. 케이스가 필요했다. 주인은 고개를 흔들며 케이스만 10달러라고 했다. 기타와 케이스 포함해서 총 금액 85달러. 그 밑으로는 절대 안 된다고 했다.

주인은 캄보디아 음악인의 자존심을 내세우며 버티고 있었고, 나는 기타 연주를 하며 최대한 동정어린 눈초리를 보내고 있었다. 그때 한국말이 들려왔다.

"기타 잘 쳐요?"

"어? 한국 사람이세요?"

밀짚모자를 눌러 쓴 사람이 주인에게 필요한 공구를 캄보디아어로 얘기했고, 주인은 공구를 찾으러 간 사이 나에게 한국어로 말을 걸었다. 나는 마치 행운이 찾아온 듯했다. 내가 영어가 안 되니 캄보디아어로 잘 좀 얘기하면 원하는 가격에 기타를 살 수 있을 것 같았다. 밀짚모자를 눌러 쓴 사람에게 다가가니 한국 사람이 아니었다.

"저는 한국에 14년 있었어요. 작년에 캄보디아로 돌아왔어요."

그는 캄보디아 사람이었다. 한국말이 유창해서 한국 사람인 줄 알았는데 한국에서 14년 살았다는 얘기를 들으니 이해가 갔다. 그는 내 얘기를 듣더니 기다리라면서 주인에게 뭐라고 얘기를 했다. 하지만 주인의 자존심은 쉽게 꺾이지 않았다. 물론 주인이 원하는 가격에 기타를 살 수 있었지만 내 생활비가 그리 넉넉하지 못했다. 그 가격에 기타를 사면 생활에 어느 정도 타격이 있었다. 어쩔 수 없이 기타를 포기할 수밖에 없었다.

밀짚모자를 눌러 쓴 사람의 한국 이름은 영수고, 캄보디아 이름은 비스나다. 비스나는 캄보디아로 돌아와서 한국어 가이드를 한다고 했다. 15인승 승합차도 가지고 있어서 언제든지 필요하면 연락을 하라며 명함을 건넸다. 아는 사람에게는 가이드 비용은 받지 않고 택시와 똑같은 가격으로 투어가 가능하단다. 나에게 언제 돌아가는지 물어보더니 그 전에 저녁을 같이 먹자고 했다. 나는 좋다며 내 전화번호를 알려 줬다.

기타 가게를 나오면서 비록 기타는 사지 못했지만 대신에 좋은 인연을 만난 느낌이 들었다. 이래서 여행이 재미있는 것 같다. 알 수 없는 시간과 인연의 연속에서 여행의 즐거움이 채워지니까.

#3 자전거 투어

자전거를 빌리기로 했다. 관광버스를 타고 다니면 시원하고 안전하다. 목적지가 분명하고 가이드의 간략한 설명을 버스 안에서 들을 수 있다. 뚝뚝을 타면 버스로 다니면서 볼 수 없는 것들을 볼 수 있다. 실제로 그랬다. 속도가 나지 않는 뚝뚝에 앉아 있으면 그들의 얼굴이 더 자세히 보였다. 하지만 자전거를 이용하면 뚝뚝보다 더 자세히 크메르를 만질 수 있다. 자전거 페달을 밟으며 숨어 있는 곳곳을 돌아다니다 보면 그들의 시간 속으로 들어갈 수 있었다. 그리고 걷고, 걷고, 또 걷고.

우연히 만난 현지인이 무엇을 타고 관광을 하는지 물은 적이 있었다. 나는 당당히 걷는다고 했다. 모여 있던 현지인들이 모두 놀랐다. 그들은 걷지 않는다. 오토바이가 없으면 자전거라도 탄다. 그들은 나를 미개인 쳐다보듯이 바라봤다.

어쨌든 나는 자전거를 빌렸다. 이번 여행에서 제일 좋았던 것을 뽑으라면 나는 서슴지 않고 자전거를 타고 다녔던 것을 뽑을 것이다. 걷는 것은… 나중에 한계에 도달했다. 힘들지는 않았는데 지쳐 갔다. 단순 산책 정도면 아주 좋지만.

뚝뚝 비용으로 2~3달러 하는 거리를 무작정 걸어 다녔다. 후회는 없다. 그러나 자전거를 타면 볼 수 없었던 것을 걸으면서 볼 수 있었다고 얘기할 수도 없다. 오히려 자전거 탈 때보다 더 볼 수 없었다. 쉽게 땀이 나고 지쳐 가니 많은 곳을 돌아다닐 수 없었다. 이동수단으로 선택한 자전거를 으뜸으로 뽑고 싶다.

앞바퀴에 바구니가 달린 자전거를 선택했다. 물과 책을 바구니에 넣고 동네 한 바퀴 돌았다. 시엠립의 가장 큰 장점은 언덕이 없다는 것이다. 언덕을 올라가기 위해 온 힘을 주고 낑낑대며 페달을 밟을 필요가 없다. 반대로 시엠립의 가장 큰 단점은 비포장 도로가 많다는 것이다. 6번 도로, 30번 도로, 60번 도로 등 주도로를 빼고 나면 나머지 이면도로 대부분은 비포장도로다. 차도 없고, 사람도 잘 없다. 하지만 똑바로 앉아서 페달을 밟기가 힘들다. 울퉁불퉁한 비포장도로 때문에 엉덩이가 받는 충격은 어마어마하다. 엉덩이를 들고 가볍게 운행해야 한다. 하루 종일 비포장도로만 다니면 다음 날 엉덩이가 얼얼할 정도다.

자전거를 타고 크게 한 바퀴를 돌고 있는데, 문득 저번에 숙소 직원이 데리고 간 기타 가게가 떠올랐다. 기억을 더듬어 그와 갔던 길을 기억해 냈다. 그리고 그때 그 기타 가게를 찾았다. 기타 가게는 6번 도로를 타고 공항에서 시엠립 강을 건너 계속 직진하다 보면 오른쪽에 있었다.

점원은 그대로였다. 그런데 점원이 영어를 잘 했다. 이건 뭐지? 이것저것 기웃거리다 기타 하나를 골랐다. 역시 넥이 휘고, 줄이 많이 떠 있었다. 점원에게 얘기했더니 다른 기타를 내주었다. 가격은 같다고 했다. 35달러. 헉! 저번에는 70달러 밑으로는 절대 안 된다고 하더니. 아마 숙소 직원이 중간 소개비를 챙기려고 했었던 것 같다. 점원은 케이스가 5달러와 10달러짜리가 있다고 했다. 줄과 피크는 무료지만 케이스는 별도로 구매를 해야 한다고 했다.

나는 자존심을 내세운 기타와 비교를 했다. 별 차이가 없었다. 35달러면 비싼 것도 아니다. 그냥 작은 사이즈로 험하게 갖고 놀기에 적당했다. 나는 케이스 포함해서 35달러에 달라고 했다. 점원의 눈이 커졌다. 나는 "기타가 30달러, 케이스가 5달러, 합쳐서 35달러"라고 말했다. 점원은 그제야 웃으며 오케이를 외쳤다. 정말 짧고 순조롭게 협상이 이루어졌다. 더 깎으면 깎을 수도 있었겠지만 나는 지쳐 있었다. 그들의 무너지지 않는 자존심을 다치게 하고 싶지 않았고, 여행 중에 내 장난감이 되는 기타를 빨리 갖고 싶었다.

점원은 제일 싸구려 케이스에 기타를 넣고, 줄과 피크를 챙겨주었다. 나는 양쪽 입꼬리를 한껏 광대까지 끌어올리고 기타를 양 어깨에 메고는 힘차게 자전거 페달을 밟았다. 석양이 지는 시엠립의 저녁 공기가 상쾌하게 불었다. 단순히 기타를 한 대 산 것뿐인데 몸이 가벼워졌다.

저녁 메뉴로 무엇을 먹을지 고민했다. 오늘 같은 날은 작은 축하를 해야 할 것 같았다. 무엇을 축하해야 할까. 그냥 상쾌하게 부는 저녁 공기를 축하하자. 그래 시원한 바람을 고마워하자. 작은 바람이 저녁을 시원하게 맞이하는 것을 축하하자.

#4 비스나 부부

숙소로 돌아와서 며칠 전에 만난 비스나에게 문자를 넣었다. 지나가면서 던진 저녁 식사를 한국에서처럼 날리는 공수표로 만들기 싫었다. 물어볼 것도 많았고, 이런저런 얘기도 나누고 싶었다. 문자를 받은 비스나는 저녁 7시까지 숙소로 오겠다고 했다.

비스나는 저녁으로 무엇을 먹을 건지 물었다. 한식, 크메르, 아니면 양식? 나는 크메르 음식을 거부감 없이 잘 먹는다고 했다. 비스나의 오토바이를 타고 크메르 식당으로 출발했다.

관광객들은 오지 않는 현지인들만 가는 식당으로 들어갔다. 비스나는 친구 한 명을 더 불렀다고 했다. 나는 좋다고 했다. 친구는 일본어 가이드를 하는 사람이었다. 그런데 한국어도 잘했다. 한국어를 3년 넘게 배우고 있는 중이라고 했다. 비스나는 아내를 데리러 가야 한다며 친구와 잠깐 얘기를 나누라고 했다.

비스나는 결혼한 지 6개월이 채 되지 않은 새신랑이었다. 아내는 한국인이 운영하는 식당에서 매니저로 일하고 있었다. 아내 역시 한국에서 3년 넘게 일을 했었다.

비스나는 한국에서 일하면서 동생들을 대학 공부와 결혼까지 모두 시켰다. 그리고 장남인 그는 마지막으로 자신이 결혼을 했다. 그의 나이 마흔이었다. 한국에서 일할 때 광주에 있는 대학의 경영학과를 졸업했다. 그는 한국에서 안 가본 곳이 없었다. 경기도 안산에서 시작해서 전라도 광주, 경상도를 거쳐 제주도까지 가서 일을 했다. 14년이란 시간이 그에게는 무척 고단했을 텐데 가족들을 위해 굳건하게 버텼다. 캄보디아로 돌아와 한국어 가이드 시험에 합격했고, 승합차를 샀다. 그리고 어여쁜 배우자를 만났다.

캄보디아는 모계사회라는 이야기를 들은 적이 있다. 남자들은 무능하고 나태해서 여자들이 생계를 책임진다는 이야기다. 하지만 내가 만난 장남들은 모두 가정에 책임감이 강했다. 어느 사회든지 부류가 있을 뿐이다. 무기력하고 나태한 사람이 있는가 하면, 부지런하고 책임감이 강한 사람도 있는 법이다. 한쪽만 봐서는 알 수 없다. 그늘이 있으면 시원하고, 햇볕이 있으면 곰팡이가 슬지 않는다.

둘의 대화를 듣고 있으면 신혼부부가 맞았다. 아내는 비스나가 다른 여자에게 눈길만 돌려도 한마디씩 했다.

비스나는 쉬지 않는 내 질문에 일일이 대답을 해주었다. 간혹 불필요한 이야기까지 해주었는데, 그것이 아내에게는 거슬렀나 보다.

"한국어로 '너 죽을래?'가 캄보디아어로 무엇인지 아세요?"

비스나의 이야기를 듣고 있던 아내가 뜬금없이 나를 보며 얘기했다.

"쩡이 뭔지 아시죠?"

"~을 원하다. 영어로 want."

아내의 질문에 내가 대답했다.

"맞아요. 그 뒤에 슬랍을 붙이면 돼요."

그러면서 아내는 비스나를 보면서 "쩡 슬랍!"이라고 윽박질렀다. 우리는 모두 크게 웃었다. 물론 웃자며 농담으로 던진 표현이었다.

나는 시엠립과 프놈펜 말고 바탕방이나 다른 중소도시에 대해 물어봤다. 비스나는 그곳의 환경과 경제, 위치, 특산물 등을 상세하게 알려 주었고, 그 지역 사람들의 성향도 얘기해 주었다. 그러면서 슬쩍 어느 지역 여성들이 참 예쁘다는 얘기를 했는데 아내에게는 그 말이 거슬렸나 보다. 아내는 "우리 신랑 모르는 게 없어요." 하더니 바로 "쩡 슬랍!"이라며 주먹을 쥐어 보였다. 세계 어디나 사랑에 대한 질투는 똑같은가 보다. 나는 갑자기 궁금해졌다.

"근데, 캄보디아 여성들이 질투심이 많은가요?"

아내는 크게 웃으면서 고개를 끄덕였다. 캄보디아에서 여자는 바람을 피워도 남자는 바람을 피우면 안 된단다. 남자가 조금만 한눈을 팔아도 여자가 가만있지 않는다고 했다.

"한번은 남자가 바람을 피웠다며 여자가 칼을 갖고 와서 바로 목을 벴어요."

헐. 비스나 얘기에 소름이 돋았다. 여기서 여자가 갖고 왔다는 칼은 우리가 상상하는 식칼 같은 것이 아니다. 동남아 여행을 한 번이라도 했다면 아마 코코넛을 다듬어 주는 칼을 봤을 것이다. 영화에서 보면 밀림을 헤쳐 나갈 때 사용하는 칼 말이다. 보기만 해도 섬뜩하다. 성인 남성의 팔뚝만한 크기의 칼로 바람피운 남자 친구의 목을 친 것이다.

"모든 캄보디아 여자가 다 그런 것은 아니에요. 간혹 그런 여자들이 있다는 거죠. 제 아내는 아주 아름다워요."

비스나는 슬쩍 아내의 눈치를 보면서 입을 열었다. 나는 비스나를 향해 무언의 미소를 한껏 날려줬다.

어디를 가나 사람 사는 세상이다. 사랑도 있고, 질투도 있고, 시기도 있다. 체제와 법은 다를지라도 사람이 사는 방식은 똑같다. 우리와 다를 것이 하나도 없다. 인간 사이에서 지켜야 하는 윤리적, 도덕적 가치는 같다. 캄보디아 여성의 질투심이 강한 것이 아니라 남성들의 바람기가 유독 폭넓은 것이 아닐까? 하하. 하여튼 내가 만난 캄보디아 남성들은 대부분 아내 눈치를 보고 있었다. 물론, 옆에 있을 때만.

#5 짧은 리서치와 크메르 제국

나는 앙코르와트에 오는 수많은 관광객 중에 어느 나라 관광객을 선호하는지 물어봤다. 그리고 은근 속으로 "코리아!"라고 대답해 주기를 기대했다. 바로 앞에 한국 사람이 있고, 또 맛있는 저녁을 사주고 있으니 코리아가 나오지 않을까 싶었다. 그런데 대답은 예상 밖이었다. 일본어 가이드는 중국 관광객이 제일 좋다고 했다. 왜냐고 물었더니 중국 관광객이 제일 많이 오기 때문에 일이 많아서 좋단다. 뚝뚝 기사는 중국 관광객이 싫다고 했다. 이유는 너무 시끄럽단다. 쉬지 않고 떠들어대서 정신이 없단다. 뚝뚝 기사의 대답을 듣고 중국 관광객의 시끄러움은 한국에서뿐만이 아니라는 것을 알았다. 뚝뚝 기사는 홍콩 관광객이 제일 부자라고 했다. 일본 관광객이 부자 아니냐고 물었더니 일본이 잘사는 건 알지만 그들은 절대 돈을 쓰지 않는다고 했다. 어떻게든 깎고, 또 깎는단다. 한마디로 짠돌이들이라고 했다. 반대로 한국 관광객은 돈이 없어 보이는데 어디서 그렇게 돈이 나오는지 돈을 참 잘 쓴다고 했다. 한국인의 허세인가?

짧은 리서치를 해본 결과 외국 관광객 중에 으뜸은 중국과 태국으로 좁혀졌다. 캄보디아인들은 태국인들에게 호의적이다. 친절하고, 예의 있고, 약속을 잘 지킨다고 했다. 물론 돈도 잘 쓴다. 놀라운 건 미국이나 유럽의 관광객들을 꼽지 않았다. 펍스트리트에 가보면 온통 서양 관광객들 천지다. 환율이 있어서 그들이 더 돈을 잘 쓸 거 같은데 그렇지도 않은가 보다. 살짝 물어봤더니 다들 대답을 회피했다. 이유는 모른다. 뭔가 말하기 싫은 그들만의 이야기가 있는 것 같았다. 아마 자기들끼리 어울려서 그런가?

반대로 최악의 관광객을 물어봤다. 혹시 이번에 코리아가 나올까 봐 조마조마했다. 대답은 의외였다. 내가 물어본 캄보디아 사람 열이면 열 명 모두 베트남이라고 대답했다. 이유는 단 하나다. 예전에 캄보디아를 침략했다는 것이다. 내가 한국과 일본의 역사에 대해 얘기했더니 그들도 잘 알고 있다며 한국과 일본의 관계처럼 캄보디아와 베트남이 그렇다고 했다.

비스나는 어떻게 보면 민족주의자 같았다. 이야기가 나온 김에 킬링필드와 크메르 루즈에 대해 어떻게 생각하는지 물었다. 내 질문을 듣고 비스나의 눈빛이 반짝였다. 비스나의 목소리에 힘이 들어갔다.

"폴 포트가 죽기 전에 한마디 했어요. '나는 크메르인을 단 한 명도 죽인 적이 없다. 나는 내 민족을 절대 죽인 적이 없다.'라고 했어요. 저는 폴 포트를 존경합니다."

나는 듣고 있을 수밖에 없었다. 힘이 들어간 그의 이야기에 반대 의견을 내기도, 또 동의하기도 어려웠다.

"지금 이런 이야기가 나옵니다. 캄보디아인의 아버지는 태국 사람, 엄마는 베트남 사람. 우스갯소리 같지만 안을 들여다보면 사실이에요. 정통 크메르 사람 없어요. 훈센이 집권하면서 베트남 세력이 권력을 잡았어요. 똔레삽 호수에 있는 베트남 사람들을 내륙으로 이주시켰어요. 땅 주고, 집 지어주고, 일자리 주고, 시민권도 줬어요. 하지만 똔레삽 호수에는 베트남에서 새로 온 사람들로 다시 가득 찼어요. 캄보디아 사람보다 베트남 사람 더 챙겨 줘요. 그래서 몇 년 전 프놈펜에서 시위가 일어났어요. 그때 시위대를 진압한 경찰들은 다 베트남 사람이에요. 같은 민족이 아니니까 마구 총을 쐈어요. 이게 지금 캄보디아 현실입니다."

나는 캄보디아가 민주주의인지, 사회주의인지 궁금하다며 질문을 했다. 비스나는 아주 좋은 질문이라며 엄지손가락을 치켜들었다.

"겉으로는 민주주의를 표방하지만 내부적으로는 공산주의, 사회주의보다 더 심해요."

비스나의 입이 터졌다. 쌓인 것이 많았나 보다. 더 이상 정치얘기를 하면 안 될 것 같았다. 거침없이 쏟아내는 비스나의 이야기를 고개만 끄덕이고는 화제를 돌렸다.

그의 이야기는 일단락 지었지만 이런 생각이 들었다. 비스나가 한 얘기가 비단 비스나만의 생각은 아닐 것이다. 그런 생각을 하고 있는 젊은이들이 많다면 캄보디아는 지금 속으로 앓고 있는 것이다. 겉으로 드러나지는 않겠지만 안으로 곪고 있는 상처는 언젠가 터지게 되어 있다. 그때 과연 어떻게 해결을 할지. 곪고 곪다가 터지기 전에 해결이 되고, 치료와 치유가 되면 좋으련만 그렇지 않다면 또다시 많은 희생을 치를 수도 있다. 나는 그들의 정치 상황에 끼어들 수도 없고, 휘말릴 이유도 없었다. 위대한 크메르 민족의 업적에 대한 이야기를 꺼냈다.

"지금은 물이 말라 관광객들이 알 수 없지만 내가 생각하기에 크메르인들은 물을 참 잘 다루는 민족이었던 것 같습니다. 끄발스피언과 프놈 꿀렌에서 시작되는 시엠립 강을 이용해 돌을 나른 것도 그렇고, 모든 유적지마다 해자가 있는 것도 그렇습니다. 그리고 이스트 바라이와 웨스트 바라이, 스라 스랑을 봐도 물을 어떻게 이용하고 활용해야 하는지를 잘 아는 지혜가 풍부했었던 것 같습니다."

비스나는 어깨를 으쓱했다. 그리고 나에게 공부를 많이 한 것 같다며 자신도 생각하지 못한 것을 알려줘서 고맙다고 했다.

실제로 그렇다. 지금은 시엠립 어디를 가나 온통 흙먼지를 뒤집어써야 한다. 하지만 가장 왕성했던 크메르 제국 때의 유적들을 돌아다니다 보면 온통 물을 이용한 흔적들로 가득하다. 심지어 물의 도시 베네치아처럼 물 위에 사원(벵 멜리아)을 지은 곳도 있다. 그만큼 크메르 제국은 물이 많았고, 물을 잘 활용할 줄 아는 지혜로운 민족이었다.

프놈 꿀렌에서 시작한 시엠립 강이 똔레삽 호수로 흘러든다. 이 강을 막아 10톤이 넘는 바위를 운반했고, 이 강물을 끌어다 해자를 만들고, 바라이를 만들고, 스라 스랑을 만들고, 백성 누구나 자유롭게 쓸 수 있는 식수와 농수로 개간했다. 4원소인 물, 불, 흙, 공기 중에서 인간이 살아가는 데 원천이 되는 물을 다루는 기술을 그들은 이미 오래전에 터득했던 것이다.

지금 캄보디아의 수도인 프놈펜은 물과 물이 만나는 곳이다. 한국으로 치면 양수리(두물머리)와 같다. 똔레삽에서 흘러나오는 강과 메콩 강이 만나는 곳이 프놈펜이다. 위대했던 크메르의 업적이 남아 있는 시엠립과는 지리적 조건이 다르다.

참족, 지금의 베트남은 똔레삽 호수로 배를 타고 들어와 크메르 민족을 침략했다. 이들을 몰아내고 광활한 제국을 건설한 인물이 바로 자야바르만 7세다.

시엠립 시내에는 자야바르만 7세 병원이 있다. 자야바르만 7세가 백성들을 위해 가장 많이 세운 것이 병원이다. 그래서인지 시엠립에는 크고 작은 병원이 많다. 특히 아이들을 위한 어린이 병원(Children Hospital)이 눈에 띈다.

그리고 유적지들을 둘러보면 꼭 도서관이 배치되어 있다. 학문과 지식을 그만큼 중요하게 여겼다는 것이다. 그러나 지금은 세계 최하위 문맹률을 가지고 있는 캄보디아다. 뚝뚝 기사에게 숙소 명함을 내밀면 글을 읽지 못하는 기사들이 많다. 시내에 서점은 있지만 대부분 영어로 된 책들이 주를 이룬다. 크메르 루즈 때 처형 1순위가 학자, 교수, 선생, 지식인이었다.

비스나 부부, 그리고 그의 친구와 즐거운 저녁을 마쳤다. 네 명이 맥주를 넉넉히 마셨고, 푸짐한 저녁으로 배를 채웠다. 15달러가 나왔다.

비스나 친구가 먼저 집으로 출발했다. 그리고 비스나 오토바이에 우리 세 명이 꾸겨 탔다. 혼자서 걸어가거나 뚝뚝을 타고 가면 된다고 해도 굳이 숙소까지 데려다 준다고 했다. 그들의 달달한 신혼 냄새를 맡으며 숙소로 돌아왔다.

#6 동네 한 바퀴

장난감이 생겼다. 무료한 일상을 지루하게 보내지 않아도 됐다. 아침 식사를 마치고 커피를 타서 숙소 테라스에 앉았다. 동쪽에서 솟아오른 아침을 맞이하며 커피 한 모금을 마셨다. 시원하게 불어오는 바람을 타고 기타줄을 튕겼다. 혹시 옆방에 방해가 될까 봐 기타를 조용히 쳤지만 그럴 필요가 없었다. 방마다 방음이 잘 되었고, 테라스는 야외인 데다 옆방과 떨어져 있다. 그리고 관광객들은 아침 일찍부터 방을 비웠다. 피크를 잡고 그동안 치지 못했던 기타를 신나게 쳤다. 아, 그런데 이게 실수였다. 아침부터 너무 흥을 돋우다 보니 갑자기 맥주 생각이 났다. 아침부터 술이라니…, 기타를 내려놓고 커피를 마셨다.

한국에서 마무리하지 못한 일이 어느 정도 끝이 보였다. 노트북으로 작업한 내용들을 보내고 한숨 돌렸다. 점심도 먹고 모처럼 한가롭게 산책을 즐길 겸 밖으로 나갔다.

처음에는 먹어 보지 못한 것들을 먹느라 메뉴 고민을 하지 않았는데, 이제 어느 정도 이곳에 적응이 되었는지 슬슬 고민이 되었다. 이럴 때는 누가 차려 주는 밥상을 그대로 받아먹는 게 제일 편하다. 아무런 고민 없이 주는 대로 먹으면 되니까. 그래서 백반 메뉴가 있는 한국 식당으로 갔다.

오늘의 메뉴는 보쌈, 백반은 매일 메뉴가 바뀌었다. 동태찌개부터 감자탕, 보쌈 등 쉽게 먹을 수 없는 메뉴들이 고작 4달러였다. 다른 한국 식당에 가면 기본 6달러부터 시작이다.

현지에 있는 한국 식당에서 밥을 먹으면 무엇을 주문하든 반
찬이 주르륵 나왔다. 라면만 주문하더라도 삼겹살 주문했을 때와
같은 가짓수의 반찬이 나온다. 처음에는 테이블에 펼쳐진 반찬을
먹다, 먹다 지쳐 남겼지만 나중에는 안 먹는 반찬은 테이블에 놓
기 전에 도로 가져가라고 했다. 남겨서 버리는 것보다 나았다. 그
래도 종업원은 갈 때마다 똑같은 가짓수의 반찬을 내왔다. 나는
마치 뷔페처럼 밥을 먹을 때마다 반찬을 바꿔가며 먹었다.

보쌈은 생각 외로 맛있었다. 한국에서 먹는 맛과 별 차이가 없
었다. 보쌈에 막걸리를 곁들이면 좋을 것 같았다. 머릿속에 막걸
리를 즐기는 지인 몇 명이 떠올랐다. 혹시 같이 시엠립에 오게 되
면 이 식당에서 꼭 보쌈과 함께 막걸리를 마시리라.

거나하게 한상 차려서 배를 채우고 밖으로 나왔다. 여기서는
시간에 쫓길 이유가 없다. 아침마다 출근할 필요도 없고, 시간에
쫓겨 가이드 따라 관광을 다닐 필요도 없다. 온전히 내 시간을 내
가 즐기면 된다. 옆에서 누가 잔소리 하는 사람도 없고, 재촉하는
사람도 없다.

찻길을 건널 때에도 뛰지 않는다. 알아서 천천히 가고, 알아서
피해 간다. 여기서의 시간은 내가 쓰는 만큼 빠르게 흐르기도 하
고, 느리게 머물기도 한다. 오직 나를 위한 나만의 시간과 마주하
게 된다. 인생에 내 시간의 주인이 되어 본 적이 몇 번이나 있었던

가. 이제 내 시간의 주인은 나다. 내 의지로 내 시간을 디자인하고, 인테리어하면 된다. 그 모습이 아름답든, 흉측하든 내가 즐거우면 된다. 내가 내 시간의 주인이니까.

안 가본 길을 걸었다. 좁은 골목길을 걸었고, 한적한 거리를 걸었다. 한인 식당과 카페를 만났고, 중국인 단체 관광객들을 지나쳤다. 가끔 서양 관광객들과 눈인사를 했고, '뚝뚝'을 외치는 뚝뚝기사에게 손을 저으며 고맙다고 얘기했다.

조금 더 걷다 보니 한국에서 본 익숙한 당구장 표시가 나왔다. 문을 살짝 열고 안을 들여다봤다. 사람들이 당구대에서 3쿠션과 4구를 치고 있었다. 보통은 문이 열리면 사람들이 누가 왔는지 쳐다볼 만도 한데, 한 명도 나를 쳐다보지 않았다. 주인조차 내게 눈길을 주지 않았다. 안으로 성큼 들어가지도 못하고 혼자 쭈뼛거리다가 당구장 문을 닫았다.

당구장 앞에는 잡화점이 있었다. 신발과 가방을 팔고 있었는데 10달러 균일가였다. 무작정 안으로 들어갔다. 샌들부터 구두, 운동화에 고급스러워 보이는 핸드백까지 진열되어 있었다. 예전에 올드마켓에서 샌들을 산 적이 있었다. 20달러 달라는 것을 15달러에 깎아서 샀다. 그리고 매번 여행을 올 때마다 그 샌들을 신었다. 그런데 여기 진열되어 있는 샌들이 훨씬 좋아보였다. 유레카!

캄보디아에는 공산품 공장이 많다. 세계적으로 유명한 메이커 공장들이다. 이곳에서 생산해 유럽을 비롯해 여러 나라로 납품한다. 시장을 돌아다니다 보면 가끔 유명 메이커 상품을 발견할 수 있다. 납품할 때 불량 처리된 제품을 가져다 파는 것이다. 텍도 있고, 보증서도 있다.

이 가게에 진열된 운동화는 전부 메이커였다. 한국에서 최소 10만 원 이상을 줘야 하는 운동화가 10달러라니. 눈에 띄는 운동화를 집어서 자세히 살펴봤다. 아뿔싸. 이미테이션이다. 나이키가 아니라 사이키(Cike)였다. 로고는 똑같은데 상표 이름이 달랐다. 다른 운동화 메이커들도 상표 표시가 조금씩 달랐다. 그럼 그렇지.

한국에서도 예전에 나이키가 아닌 나이스라고 해서 짝퉁을 만들어 팔았던 적이 있었다. 봉준호 감독의 영화 〈살인의 추억〉을 보면 나이키가 아닌 나이스 운동화를 송강호가 화해의 뜻으로 박노식(백광호 역)에게 주는 장면이 나온다. 상표가 어찌되었든 샌들만큼은 올드마켓에서 파는 것보다 좋아보였다.

재미있는 것은, 이들은 매일 장사를 하지 않았다. 아이들이 학교 가는 날은 문을 열지 않는다고 했다. 일주일에 이틀만 장사를 한단다. 그렇게 장사해도 운영이 되려나? 살짝 걱정이 앞섰지만 나름 내가 모르는 경영 노하우가 있을지 모른다.

느긋하게 돌아다니다 보니 숙소에서 가지고 나온 물을 다 마셨다. 햇볕은 뜨거웠고, 바람은 불지 않았다. 발길을 돌려 숙소로 향했다. 대로를 따라 가다가 숙소 가까이에 이르러 옆길로 빠졌다. 이쪽으로 가도 숙소가 나올 것 같았다. 어차피 숙소로 가는 길이니 모르는 길로 가고 싶었다.

#7 꼬마 기타리스트 꾼

안으로 조금 걸어가니 호텔 하나가 나왔고, 호텔 건너편에 걸린 현수막이 내 눈을 잡아끌었다. 〈Cminor Music Club〉 빨간색 크메르어로 뭐라고 쓰여 있었고, 통기타와 일렉트릭 기타, 건반 그림이 그려져 있었다. 처음에는 뮤직 바(bar) 같은 곳인 줄 알았다. 현수막 앞까지 가니 그곳은 기타 학원이었다. 벽에 기타 다섯 대가 걸려 있었고, 화이트보드에는 기타 코드가 그려져 있었다.

안으로 들어서니 곱슬머리를 한 꼬마가 쫓아 들어왔다. 기타를 보면서 파는 거냐고 물었더니 꼬마는 웃기만 했다. 꼬마는 영어를 할 줄 몰랐다. 다행이다. 나도 영어를 할 줄 모르니.

나는 영어를 잘하는 사람보다 영어를 어중간하게 못하는 사람이 더 편하고 좋다. 영어를 잘하는 사람은 어떻게든 말로 설명을 하려고 한다. 그러다 상대가 알아듣지 못하면 포기하고 뒤돌아가버린다. 하지만 나처럼 영어를 못하는 사람은 말이 아닌 다른 모든 수단을 이용해서 끝까지 소통을 하려고 노력한다.

시엠립 골목골목을 돌아다니다 보면 여러 사람들을 만난다. 관광객이 다니지 않는 골목을 가다가 목이 말라 구멍가게에 들러 음료수를 산 적이 있었다. 남자는 전혀 영어가 되지 않았다. 그는 어머니를 불렀고, 어머니는 숫자만 영어로 대답했다. 그리고 몸짓과 손짓을 하면서 내가 어디서 왔는지, 얼마나 머물 건지를 물었고, 가게에 있는 가족들을 일일이 다 소개해 줬다. 말로 소통이 안 될 때마다 몸짓으로 보여 주거나 비슷한 물건을 꺼내 보였다. 서로가 알고 싶어 하는 마음과 소통의 의지만 있다면 거추장스런 언어는 불필요할 뿐이다. 그들은 진심으로 내게 다가왔고, 나를 알고 싶어 했다. 나 역시 그들의 따뜻한 친절에 연신 수첩에 그림을 그리며 고마움을 표현했다.

같은 언어를 쓴다고 해서 모두가 원만한 소통을 하는 것이 아니다. 오히려 간절한 눈빛으로, 절박한 몸짓으로 더 많은 이야기를 나눌 수 있다.

꼬마의 이름은 꾼홍야(Khunhongva)다. 꾼과 나는 언어가 필요 없었다. 나는 기타를 가리키며 연주하는 시늉을 냈다. 꾼은 기타를 집어 들더니 캄보디아 가요를 연주했다. 최근에 터득한 주법인 듯 나에게 보라며 자신의 주법 테크닉을 선보였다. 나는 다른 곡을 연주해 보라고 했고, 꾼은 이내 레슨 때 사용하는 악보를 펼쳤다. 꾼이 악보를 보며 연주하는데, 무슨 곡인지 전혀 알지 못했다. 악보는 가사 위에 코드만 적혀 있었다. 꾼은 신이 났는지 어려운 코드를 짚으며 나에게 자랑을 했다. 이번에는 내 차례인가. 내가 기타를 잡고 몇 곡을 연주했다. 꾼은 한동안 내 연주를 보더니 노트를 꺼냈다. 노트에는 정말 정교하게 자로 그린 기타 코드표가 있었다. 기타를 정말 사랑하는 아이였다.

꾼에게 기타 코드로 된 악보 말고 오선지 악보가 없는지 물었다. 아니, 손짓과 발짓으로 표현했다. 꾼은 다른 악보를 가져왔다. 오선지 악보다. 오선지 악보에 있는 음표를 보며 쳐보라고 했다. 꾼은 멀뚱멀뚱 내 눈만 쳐다봤다. 꾼은 악보를 볼 줄 몰랐다. 악보를 읽을 수 없는 아이가 어려운 코드에 웬만한 주법까지 익히고 있었다. 분명 기타를 가르치는 선생이 있을 테고, 악보 보는 법을 가르쳐 줬을 텐데 악보를 볼 수 없다는 것이 조금 의외였다.

오선지 음표를 가리키며 기타로 계이름을 알려 주고 있는데, 꾼 입에서 '도레미파솔라시도'가 나왔다. 어찌나 반갑던지. 서로 영어는 할 줄 모르나 계이름으로 소통할 수 있게 되었다. 내가 '도'라고 하면 꾼은 기타에서 도 음과 C코드를 짚었다. 오선지는 읽을 수 없으나 기타 코드와 계이름을 알고 있었다.

나는 영어가 세계 공통 언어라고 생각하지 않는다. 어떤 이는 웃음(소리)이라고 하지만 나는 음악이라고 생각한다. 오선지에 그려진 음표만 보면 세계 어느 누구라도 언어는 통하지 않지만 자신의 감정을 그대로 표현할 수 있다. 같은 '솔'을 치더라도 슬픈 솔과 기쁜 솔이 있다. 그리고 반음과 온음 사이에는 무수히 많은 음들과 감정이 내재되어 있다. 그것을 정확히 표현하는 뮤지션이 정말 훌륭한 뮤지션이다. 지미 헨드릭스가 그렇다. 음과 음 사이, 혹은 음 자체가 갖고 있는 수많은 감정들을 정확하게 포착해 그대로 표현해 냈다. 그는 천재다.

슬픈 곡을 연주하거나 노래 부를 때 그 음표 안에 숨겨진 감정들을 정확하게 집어내야 한다. 단순히 음표의 음만 제대로 짚는

다고 음악이 완성되는 것은 아니다. 머리는 차갑게, 가슴은 뜨겁게 해야 하는 것이 음악이다.

꾼과 나는 음악으로 비록 오선지의 음표를 읽지는 못하더라도 만남의 반가움을 기타로 나누었다. 나는 꾼이 오선지를 읽을 수 있도록 노트에 오선지 음표와 기타 계이름을 그려 줬다.

나는 꾼과 합주를 할 수 있을 것 같았다. 어떤 곡이 좋을까 고민하다가 벤 E. 킹의 〈스탠 바이 미〉가 떠올랐다. 제법 쉬운 코드 진행이라 쉽게 합주할 수 있을 것 같았다. 한국에서도 기타 초보와 몇 번 합을 맞춘 적이 있었다. 꾼에게 코드 진행을 알려 줬다. 꾼은 금방 코드를 짚었다. 그리고 나는 박자와 주법을 알려 줬다. 처음에는 잘하는가 싶더니 이내 엉망이 되었다. 꾼은 같이 합주하는 것에 관심이 없었다. 갑자기 휴대폰을 꺼내더니 저장되어 있는 곡을 틀었다. 그러고는 악보를 보여 주며 기타를 쳤다. 얼마나 자랑을 하고 싶었을까. 꾼의 순수한 동심이 전해졌다.

숙소에 가는 것도 잊고 한창 꾼과 번갈아가며 기타를 치고 있었는데 한 남자가 자연스럽게 다가오더니 꾼에게 뭐라고 한마디 했다. 꾼은 치고 있던 기타를 내려놓고 안으로 들어가더니 물병 두 개를 가지고 나왔다. 하나는 그 남자에게, 하나는 나에게 줬다. 나는 그가 꾼의 아버지인 줄 알았다. 자리에서 일어나 정중히 인사를 했다. 그도 웃으며 나를 반겼다. 의자에 앉아 이야기를 나눠 보니 그는 꾼의 아버지가 아니었다. 뚝뚝 기사였다. 앞에 있는 호텔 손님을 주로 맡아 운행하고 있었다.

그에게 궁금한 점들을 물어봤다. 그와 꾼은 고향이 같았다. 꾼의 고향은 프놈펜에서도 2시간가량을 더 가야 하는 시골이다. 꾼은 학교를 다니지 않았다. 열네 살 소년은 기타를 배우고 싶어서 먼 고향에서 이곳까지 왔다고 한다. 왜 학교에 다니지 않느냐고 물었더니 재미가 없단다. 그렇지. 그 나이에는 학교 가는 것이 재미가 없지.

기타를 볼 때면 꾼의 눈은 반짝인다. 그리고 기타를 연주하면 꾼은 기타에서 눈을 떼지 않는다. 그러나 가만히 있을 때 꾼의 얼굴에는 알 수 없는 미묘한 감정들이 고여 있다. 외로움과 무게를 가늠할 수 없는 무게감이 가득하다. 절대 고독이라고 누가 얘기했었다. 무표정인 꾼의 얼굴에는 헤아릴 수 없는 고독의 물결이 잔잔하게 출렁이고 있었다.

멀리서 오토바이 한 대가 다가왔다. 지나가는 줄 알았더니 우리 앞에 멈췄다. 그리고 안으로 들어왔다. 나를 보더니 누구냐고 물었다. 꾼이 그녀와 뭐라 얘기를 했다. 그녀가 자신이 영어를 할 줄 안다며 나에게 질문을 던졌다. 같이 온 사람도 덩달아 쉴 새 없이 폭풍 질문을 해댔다. 나는 어느 대답부터 해야 할지 난감했다.

"아임 소리. 캔 낫 스피크 잉글리시."

이럴 때에는 그냥 영어를 못한다고 하는 게 상책이다. 실제로도 그러니까.

그들은 꾼의 사촌 누나였다. 이 집에는 사촌 누나 둘과 꾼, 이렇게 셋이 살고 있었다. 괜히 머쓱해졌다. 누나들은 나에게 기타를 칠 줄 아냐고 물었다. 나는 조금 칠 수 있다며 크메르어로 대답했다. 그들은 크메르어에 반색하며 환하게 웃었다. 직장에서 퇴근하고 집으로 돌아온 그들은 방으로 들어갔다.

나는 꾼에게 1달러를 내밀었다. 꾼은 왜 주냐며 받지 않았다. 너의 연주를 들을 수 있어서 너무 영광이었다는 얘기를 전해 주고 싶었는데 영어로 표현할 수도 없었고, 한다고 하더라도 꾼이 알아듣지 못할 것이다. 그래서 나는 물값이라고 얘기했다. 꾼은 그제야 고개를 끄덕이고는 안으로 들어가 잔돈을 가지고 나왔다. 나는 잔돈을 넣어두라고 했다. 하지만 꾼은 끝까지 잔돈을 내게 내밀었다. 어쩔 수 없이 누나를 불렀다. 누나에게 1달러는 물값이고, 내일 또 올 테니 그때 또 물을 달라고 했다. 누나는 알겠다며 '내일'이라는 단어를 몇 번이고 강조했다.

나는 꾼을 향해 힘차게 손을 흔들었다. 꾼도 내 손인사를 받았다.

#8 꾼의 꿈

꾼의 집에서 나와 숙소로 향했다. 골목은 한적했다. 빈 공터가 많았고, 새로 건물을 짓고 있는 곳도 있었다. 꾼의 집과 숙소까지는 걸어서 불과 2~3분이다. 그 짧은 시간에 많은 생각이 왔다 갔다 했다. 꾼을 만난 게 의외로 기뻤다.

시엠립에는 라이브로 음악을 연주하는 식당들이 많다. 시내에 있는 펍스트리트에도 밴드가 밤마다 공연하는 카페가 있다. 특히 〈레드 락〉이라는 카페는 유명하다. 그들을 보면서 궁금한 것이 있었다. 어디에서 악기를 배울까. 기타를 사러 갈 때에도 학원이 없어서 어디서 레슨을 받는지 궁금했다. 그런데 그 궁금증이 풀렸다. 게다가 멋진 기타리스트를 꿈꾸는 소년을 만났다. 소년과 나는 입을 벌려 대화를 나누지는 않았지만 서로의 음악으로 많은 것들을 공감하고, 공유했다. 저녁을 어떻게 할까 고민하다가 실례가 되지 않는다면 그들과 함께 저녁을 먹고 싶은 생각이 들었다. 숙소에서 기타를 챙겨 다시 밖으로 나왔다. 물론 미리 사둔 맥주도 몇 캔 챙겼다. 약간은 들뜬 감정으로 꾼의 집으로 향했다.

꾼은 기타를 놓고 다시 무표정으로 앉아 있었다. 꾼을 보자마자 손을 흔들었다. 꾼이 나를 다시 발견하고 활짝 웃었다. 30달러를 주고 산 기타를 케이스에서 꺼냈다. 꾼의 눈이 커지더니 입을 다물지 못했다. 내가 쳐보라며 꾼에게 넘겼다. 그리고 아까 이야기를 나누던 뚝뚝 기사 배유와 마주 앉아 맥주를 마셨다.

꾼은 열심히 기타를 쳤다. 맥주와 함께 가져간 과자를 꾼에게 내밀며 먹으라고 했다. 꾼은 과자 따위에는 관심이 없었다. 여러 코드를 잡으며 기타 성능을 시험해 봤다. 그러고는 어디에서 얼마 주고 샀는지 물어봤다. 꾼은 기타에서 눈을 떼지 못하며 좋은 기타라고 했다. 내가 보기에는 그렇게 훌륭한 기타는 아니지만 꾼의 집에 걸려 있는 기타에 비하면 상급에 해당할 수도 있었다.

뚝뚝 기사 배유는 전화를 받더니 손님이라며 가야 한다고 했다. 나는 그의 전화번호를 받았다. 그리고 다음에 전화하겠다고 했다.

그가 가고 나서 얼마 있지 않아 청년 한 명이 오토바이를 타고 왔다. 꾼이 반갑게 마중 나가 반겼다. 그가 선생이었다. 나는 어떻게 레슨이 이루어지는지 궁금했다. 그러나 그는 꾼의 집에 있는 키보드를 챙기러 온 것이었다. 꾼이 그에게 나를 소개하고는 내 기타를 그에게 보여 줬다. 그 역시 기타를 보더니 얼마 주고 샀냐고 물었다. 기타가 좋아 보이나 보다. 그와 반갑게 인사를 하고 잠깐이라도 이야기를 나눌까 싶었는데 시간이 없단다. 그는 키보드를 오토바이에 싣고는 손을 흔들며 떠났다.

내 기타로 흥겹게 곡을 연주하는 꾼을 보면서 마지막 맥주 캔을 비우고 있을 때 바로 위 사촌 누나가 방에서 나왔다. 그녀는 꾼에게 심부름을 시켰다. 꾼은 누나가 건넨 돈을 받아들고 오토바이를 타고 어딘가로 갔다. 아마도 저녁거리를 사오라고 시킨 것 같았다.

꾼이 심부름 간 사이 나는 누나에게 저녁을 같이 먹어도 되는지 조심스럽게 물었다. 그녀는 집에서 먹을 건지, 밖에서 먹을 건지 물었다. 아무래도 초면에 집에서 먹게 되면 그들이 부담을 가질 것 같아서 밖에서 먹자고 했다. 그녀는 좋다고 했다. 그녀는 비스나처럼 어떤 메뉴가 좋을지 물었다. 나는 다 잘 먹는다고 했다. 캄보디아 음식도 가리지 않고 잘 먹는다고 했다. 그녀는 잠시 생각을 하다가 좋은 음악이 많이 나오는 식당을 알고 있다고 했다. 괜찮으면 그곳에 가서 먹자고 했다. 나는 흔쾌히 좋다고 했다.

꾼이 돌아오자 그녀는 바로 꾼에게 나갈 거라며 준비하라고 했다. 나는 그들이 외출 준비를 할 동안 내가 먹은 것들을 치웠다. 싸 가지고 온 비닐에 쓰레기를 고스란히 담았다.

꾼의 바로 위 사촌 누나의 이름은 완야다. 그리고 큰 누나의 이름은 반야다. 잠시 후 꾼과 완야만 나왔다. 반야는 왜 안 가냐고 물었더니 나중에 온다고 했다. 지금 화장 중이란다. 저녁 먹으러 가는데 화장까지? 화장하고 자기 오토바이 타고 오니까 걱정하지 말란다. 우리는 식당으로 향했다.

극장식 레스토랑이었다. 앞에 큰 무대가 있고, 앞쪽에 테이블이 놓여 있었다. 이른 시간이라 그런지 아직 손님이 없었다. 우리는 자리를 잡고 앉았다. 종업원이 메뉴판을 가져다 줬지만 온통 크메르어로 되어 있어서 완야에게 넘겼다. 완야는 메뉴판을 보면서 나에게 먹을 수 있는 요리인지 계속해서 물어봤다. 너무 매울 것 같은 것은 고개를 저었다. 완야가 매운 것을 못 먹느냐고 물었다. 나는 매운 것을 좋아하지만 크메르 음식에 있는 맛뗴는 정말 맵다고 했다. 완야는 소리 내서 웃더니 자기도 맛뗴는 못 먹는단다.

맥주와 음식을 주문했다. 꾼과 완야는 맥주 대신 음료를 주문했다. 음식이 나오자 아까 꾼 집에서 본 음악 선생이 왔다. 그는 이곳에서 연주를 하는 연주자였다. 그리고 꾼의 큰 사촌 누나 반야도 왔다. 알고 봤더니 이 식당은 반야가 밤마다 노래를 부르는 곳이었다. 반야는 이곳에서 알아주는 밤무대 가수였다. 꾼이 왜 음악에 관심이 있고 기타를 치고 싶어 하는지 이해가 갔다.

우리는 테이블에 둘러앉아 건배를 했다. 그들이 주로 부르고, 연주하는 음악은 캄보디아 가요였다. 팝송이나 재즈, 블루스, 록은 잘 몰랐다. 펍스트리트에는 팝부터 록, 한국 가요까지 연주한다. 간혹 헤비메탈도 연주할 때가 있다. 하지만 이곳은 외국인 관광객들이 오는 곳이 아닌 현지인들만 오는 곳이니 그들의 노래를 연주하고 노래하는 것은 당연한 것이다.

음식은 끝없이 나왔다. 계속해서 나왔다. 도대체 얼마나 시킨 걸까. 맥주는 아예 박스로 가지고 왔다. 이건 아닌데… 하고 있는데, 완야가 웃으며 얘기했다. 캄보디아에서는 먹든 안 먹든 일단 갖다 놓고 나중에 계산할 때 안 먹은 것은 뺀다고 했다. 이들은 이렇게 자제력이 강한가 보다. 한국 사람들은 앞에 놓여 있으면 어떻게든 남기지 않으려고 다 우걱우걱 먹는데……. 음식은 시킨 것만 나오지만 음료와 맥주는 일단 왕창 갖다 놓았다. 주문하지 않은 걸 왜 가져왔냐며 뭐라고 할 필요도 없고, 앞에 있다고 다 마실 필요도 없다. 어차피 주당들은 어떻게든 다 비울 테니까.

커다란 생선요리가 나왔고, 고기볶음과 채소가 나왔다. 각자 밥이 나왔고, 탕도 나왔다. 다섯 명이 실컷 배부르게 먹었다. 계산할 때 보니까 맥주까지 포함해서 20달러 조금 더 나왔다.

반야와 음악 선생은 공연 시간이 됐다며 자리에서 일어섰다. 나는 꾼의 장래희망이 무엇인지 궁금했다. 그래도 공부는 계속해야 하지 않을까 싶어서다. 완야는 꾼에게 물어봤고, 꾼은 저기 무대 위에 있는 음악 선생님처럼 되고 싶다고 했다. 나는 고개를 끄덕였다. 그러면 공부를 열심히 해야 한다고 얘기를 하려다 말았다. 순간 내가 그토록 싫어했던 꼰대의 모습을 내가 하고 있었다. 무슨 소리를 하든 잔소리가 될 것이다. 그 잔소리가 싫어 학교를 안 가는 것인지도 모르는데.

나는 꾼이 자신의 꿈을 이루기를 바랐다. 어떻게 보면 미국이나 한국보다 오히려 이곳이 자신의 꿈을 키우고 이루는 데 더 좋은 환경일지도 모른다. 태어날 때부터 경쟁심을 주입받으며 자란 아이들은 사회에 나가서도 끊임없이 경쟁의 구도에 시달려야 한다. 그리고 자신의 꿈과 시간을 저당 잡힌 채 노동에 얽매인다. 노동을 하고 싶어도 할 수 없는 청춘들은 이들을 부러워한다. 이들에게 삶은 어디에 있을까?

끝까지 꾹 누르며 잘 참았던 잔소리가 끝내 터졌다. 저녁을 먹고, 반야의 노래도 듣고 돌아오는 길에 꾼에게 잔소리를 했다. 좋은 음악을 하려면, 훌륭한 뮤지션이, 아티스트가 되려면 역사를 알아야 한다고 했다. 크메르제국을 세운 자야바르만 2세부터 수리야바르만, 야소바르만, 자야바르만 7세, 그리고 크메르 루즈와 지금의 총리인 훈센까지. 공부를 해야 더 깊고 울림이 있는 소리를 낼 수 있다고 했다. 그것은 비단 역사뿐만이 아니라고 했다. 공부는 영역이 없고, 시기도 없다고 했다. 평생 공부를 하고, 그것을 음악으로 표현해야 한다고 했다.

얼마나 다행인지 꾼은 영어를 못 알아듣고, 영어가 안 되는 나는 한국말로 해버렸다. 꾼은 배가 부른지 졸린 눈으로 나를 쳐다봤다. 꾼의 집 앞에서 악수를 청했다. 꾼이 내 손을 꼭 잡았다. 멋진 녀석. 내일 봐!

#9 소풍

왜 항상 극적인 것은 마지막에 일어나는 걸까? 소설도 그렇고, 영화도 그렇다. 재미있고, 의미 있는 장면은 대부분 뒷부분에 있다. 그래서 영화가 끝나도, 소설책을 덮어도 항상 여운이 남는 것일까?

숙소를 옮길 때가 됐다. 이제 마음에 맞는 동네 친구를 만났는데 이별이라니. 옮기는 숙소가 거리상으로는 멀지 않지만 이들에게는 먼 거리다. 뚝뚝을 타고 고작 10분 거리. 우리는 출퇴근으로 매일 1~2시간을 소비하는 것을 당연시 하지만 이들에게는 30분도 굉장히 먼 거리다.

꾼을 만나고 이틀을 더 찾아 갔다. 하루는 기타를 메고 갔고, 또 하루는 자전거를 타고 갔다. 꾼이 오선지를 읽을 필요성을 못 느끼는지 연습을 하려고 하지 않아서 타브 악보를 알려 주고 싶었다. 오선지를 보지 못하는 뮤지션도 타브 악보는 볼 줄 안다. 곡을 고민하다가 생일축하 곡을 골랐다. 꾼에게 생일축하 곡을 연주했더니 눈을 반짝이면서 알려달라고 졸랐다. 옳거니, 이때다 싶어 꾼의 음악 노트에 타브 악보를 그렸다. 타브 악보 보는 법을 알려 주고 연주를 하라고 했더니 코드를 몰라 칠 수 없단다. 에휴. 코드를 타브 악보 위에 넣어 줬더니 열심히 코드만 친다. 일단 자신이 즐겁고 재미있는 부분부터 해야 기타에 흥미를 가질 수 있으니 그냥 두기로 했다. 그런데 꾼의 단점이라고 해야 할까. 앞에 한 소절만 치고는 다 쳤다는 것이다. 한 곡을 처음부터 끝까지 연주하는 게 없었다. 앞부분만 치면 다 되는 걸로 알고 있는 것일까. 생일축하 곡도 "생일 축하합니다~"까지만 치고는 뒷부분은 아예 치려고 하지 않았다. 안타까운 녀석.

마지막 숙소로 정한 곳으로 이사할 날이 됐다. 꾼을 만났기에 계획을 변경할까도 고민했었다. 그래도 계획을 한 것이니 아쉽더라도 그대로 실행하기로 했다. 오전부터 부지런히 짐을 쌌다. 익숙해진 숙소를 떠나려고 하니 왠지 허전함이 몰려왔다. 마치 1년 넘게 산 것처럼 모든 것들이 친숙하게 느껴졌다.

새로 옮기는 숙소는 이곳보다 가격이 쌌다. 싼 만큼 시설도 열

악했다. 아침도 나오지 않고, 개별 테라스도 없다. 하지만 주변에 국립박물관과 주립공원, 그리고 시엠립 강이 바로 앞에 있다. 아쉽지만 새롭게 일상의 변화를 줘야겠다고 생각했다.

짐을 정리하고 밖으로 나왔다. 일요일이니까 꾼의 식구들이 쉬는 날인지도 모른다. 주 5일 근무하는 곳도 있고, 주 6일 근무하는 곳도 있다. 어떤 곳은 휴일 없이 일주일 내내 근무하는 곳도 있다. 정말 하루도 안 쉬냐고 물었더니 일주일 내내, 한 달 내내 일을 한다고 했다. 그리고 받는 월급은 120~150달러. 꾼의 집으로 가면서 만약에 그들이 쉬는 날이면 함께 소풍을 가면 좋겠다고 생각했다.

시엠립에 오면 나는 꼭 가는 곳이 두 군데가 있다. 한 곳은 쩡유이고, 한 곳은 웨스트 바라이이다. 쩡유는 시엠립 외곽에 있는 야시장이다. 우리나라로 치면 벼룩시장, 혹은 도깨비 시장 같은 곳이다. 저녁 5시에 장이 열리고, 밤 10시면 흩어진다. 60번 도로에 쭉 늘어선 시장은 볼거리도 많고, 사람도 많다. 초입에는 놀이기구도 있다. 간혹 시엠립에 봉사를 하러 온 코이카(KOICA) 학생들도 만날 수 있다. 이곳은 볼거리도 많지만 무엇보다 먹을거리가 많다. 주도로에는 상점들이, 주도로 옆으로 난 작은 도로에는 음식점들이 즐비하게 늘어서 있다. 저번에는 삼삼오오 짝을 맞춰 놀러 온 캄보디아 청춘 학생들을 만날 수 있었다. 소개팅인지, 미팅 자리인지 서로 어색하게 앉아 술을 마시고 있었다. 한국의 청춘남녀들과 다를 게 없었다. 풋풋한 그들의 웃음소리가 건강하게 퍼지는 것을 들으면서 잠시 그들의 젊음을 부러워했었다.

웨스트 바라이는 캄보디아 사람들이 주말이면 자주 찾는 유원지 같은 곳이다. 크메르 제국 시절 왕이 유흥을 즐기기 위해 인공으로 만든 호수다. 건기에는 물이 말랐다가 우기에는 물이 가득 찬다. 이곳에서 아이들은 고무 튜브를 타고 수영을 즐긴다.

웨스트 바라이에서 내가 즐기는 것은 해먹이다. 호수를 바라보며 점심을 먹고 나서 해먹에 누워 시원한 호수 바람을 쐬면서 즐기는 오수. 꾼의 가족이 괜찮다면 그들과 함께 웨스트 바라이를 가고 싶었다. 이번 여행에서 아직 한 번도 가지 못했다. 찡유도 그렇고, 웨스트 바라이도 혼자 가기에는 조금 부담이 가는 곳이다.

마침 식구가 모두 있었다. 그때 만난 뚝뚝 기사 배유도 있었다. 배유가 먼저 나를 알아봤다. 나는 배유에게 손을 크게 흔들고 꾼에게도 인사를 했다. 완야와 반야도 나와 인사했다. 나는 오늘 바쁘냐고 물었다. 그들 모두 휴일이라 한가하다고 했다. 그럼 같이 웨스트 바라이에서 점심을 먹어도 괜찮겠냐고 물었더니 모두 흔쾌히 좋다고 했다. 나는 배유에게 일정을 얘기했다. 숙소를 옮기고 다시 여기로 와서 꾼의 가족과 함께 바라이에 가자고. 배유도 함께 점심을 먹고 해먹에서 한숨 자고 오자고 했다. 배유도 좋다고 했다.

옮긴 숙소에 짐만 내려놓고 꾼의 집으로 향했다. 꾼과 완야를 태우고 웨스트 바라이로 출발했다. 반야는 자기 오토바이를 타고 뒤따랐다. 모처럼의 소풍이 즐거운지 모두들 입가에 미소가 번졌다. 완야와 반야는 웨스트 바라이에 가 본 적이 있지만 꾼은 이번이 처음이었다. 소풍에 유흥이 빠질 수 없다. 꾼과 나는 각자 기타를 챙겼다. 가는 길 중간에 마트에 들러 맥주도 샀다.

웨스트 바라이에는 사람들로 북적였다. 일요일이라 그런지 빈자리가 거의 없었다. 평일에는 사람들이 없지만 휴일에는 항상 붐볐다. 우리는 적당한 장소에 자리를 잡았다. 완야와 반야는 음식을 주문했다. 꾼은 이곳이 처음이라 그런지 주변을 두리번거렸다.

주문한 음식이 하나, 둘 나왔다. 치킨과 생선, 크메르 치즈와 각자 밥이 나왔다. 완야와 꾼은 음료수로, 배유와 반야, 나는 맥주로 건배를 했다. 시원하게 한 모금 들이켰다. 주변에는 가족 단위로 놀러 온 사람들이 아이스박스에 맥주를 가득 가지고 와서 마시고 있었고, 바라이 호수에는 아이들이 검정색 고무 튜브를 타며 수영을 하고 있었다. 꾼이 호수에서 헤엄치고 있는 아이들을 부러운 듯 쳐다봤다. 내가 꾼도 가서 수영을 하라며 손짓을 했다. 꾼은 조금 망설이더니 고개를 가로 저었다. 이번에는 배유가 나에게 수영을 하라며 권유했다. 나는 수영을 전혀 할 줄 모른다고 했다. 내가 들어가면 곧바로 너희들이 나를 구하러 와야 한다고 했다.

배가 어느 정도 채워지자 반야가 노래를 부르고 싶어 했다. 반야는 꾼에게 캄보디아 노래 몇 곡을 얘기했다. 꾼은 칠 수 없단다. 반야는 그렇게 매일 연습하면서 어떻게 한 곡도 못 치냐며 나무

랐다. 반야가 나를 보더니 내가 모르는 곡을 얘기했다. 나는 처음 듣는 곡들이라 모른다고 했다. 반야는 한참을 생각하더니 영화 〈첨밀밀〉에 나오는 주제곡을 부르기 시작했다. 익숙한 멜로디다. 나는 고개를 끄덕이면서 이곡을 안다고 했다. 쳐본 적은 없지만 멜로디를 들으면서 코드를 맞춰 봤다.

반야는 가수다. 그의 노래를 생목으로 듣기 전에는 그냥 그런 밤무대 가수이겠거니 했는데, 실제로 옆에서 들으니 성량이 굉장히 풍부했다. 캄보디아 가요는 익숙하지 않아 감을 잡을 수가 없었는데, 아는 곡을 부르니 그의 실력이 뛰어나다는 것을 알게 됐다. 긴 호흡과 짧은 호흡, 두성과 가성을 자유자재로 구사하면서 안정적인 음정 처리까지 완벽하게 소화해 냈다. 프로다. 전문 노래꾼이었다. 반야의 노래에 놀라 반주를 하다 말고 멍하니 바라봤다. 반야는 이어서 영화 〈타이타닉〉의 주제곡을 불렀다. 이번에는 아예 기타 반주를 하지 않고 듣기만 했다. 넓은 바다를 힘차게 헤쳐 나가는 뱃머리에서 남녀 주인공이 하늘을 날듯 양팔을 뻗고 있는 장면이 떠올랐다. 클라이맥스로 치닫는 반야의 노래에 맞춰 호수 위로 내려앉은 햇살을 안고 불어오는 바람이 귓가를 훑었다. 웅장한 타이타닉 호가 시엠립 웨스트 바라이에서 고동을 울리며 출항을 알리고 있었다. 우리는 반야의 노래를 귀로, 눈으로, 가슴으로 움켜쥐며 곧 미래를 향해 떠날 타이타닉 호에 승선했다. 그리고 건배를 외쳤다.

반야는 자신의 노래가 흡족했는지 연거푸 건배를 제안했다. 나는 그녀에게 최고라며 엄지손가락을 치켜들었다. 반야는 이제 내 차례라면서 노래를 하라고 했다. 완야와 꾼, 배유도 내 노래를 기다리는 눈치였다. 아마 기타를 칠 줄 아니까 노래도 잘할 거라고 생각하는 것 같았다. 난감했다. 이를 어쩌지?

나는 노래를 못한다. 알아주는 음치다. 대학 다닐 때 술자리가 끝날 때쯤 선배들은 꼭 나에게 노래를 시켰다. 그러면 술에 취해 테이블에 널브러져 있던 친구들은 일부러 깨울 필요도 없이 스스로 일어나 집으로 갔다. 그만큼 내 노래는 주변을 해산시키는 파괴력이 있었다. 한마디로 엄청 음치라는 소리다.

그럴싸한 멋진 변명을 하고 싶었지만 안 되는 영어로 설명할 방법이 없었다. 네 명의 시선을 한몸에 받고 있는 나는 눈치를 보다가 그냥 손을 크게 저으며 노래를 못한다고 했다. 사실이니까. 그러고 보니 나는 제대로 할 줄 아는 것이 없었다. 수영도 못하고, 노래도 못하고, 영어도 못하고. 내가 잘하는 것은 무엇일까?

이번에는 완야가 휴대폰을 꺼내 노래 몇 곡을 들려줬다. 자신이 좋아하는 노래란다. 들려주는 노래 중에 아는 곡이 나왔다. 며칠 전 꾼과 합주를 하고 싶었던 〈스탠 바이 미〉였다. 나는 고개를 끄덕이고는 기타를 잡고 전주를 연주했다. 완야는 박자를 맞추기 시작했다.

리버 피닉스가 아역으로 출연했던 영화가 〈스탠 바이 미〉다.

리버 피닉스의 부모는 집시였다. 돈을 벌기 위해 리버 피닉스를 배우로 데뷔시켰고, 그를 이용해 돈을 벌었다. 리버 피닉스는 이후 드라마와 영화에 출연하면서 주목받는 배우가 되었지만 마약남용으로 20대 초반에 요절했다.

아이들의 성장기를 그린 〈스탠 바이 미〉는 시체를 찾아가는 이야기다. 스티븐 킹의 단편소설 〈시체〉를 로브 라이너 감독이 영화로 만들었다. 시체를 찾으면 아이들은 마을의 영웅이 될 것이라고 생각했다. 아직 봉오리를 활짝 피우지 못한 아이들이 죽음을 찾아가는 이야기. 계획과 뜻대로 되지 않는 이들의 여정을 통해 찬란한 유년기의 뭉클거림을 섬세하게 표현했다. 그리고 그 유년의 시린 가슴을 벤 E. 킹의 노래 〈스탠 바이 미〉로 살며시 어루만져 주었다.

나는 이 곡의 영화를 아냐고 물어봤다. 완야는 이 영화는 물론 리버 피닉스도 몰랐다. 당연한 일이다. 그들에게 문화를 접할 수 있는 기회는 적다. 내가 알기로 시엠립에는 극장이 두 개 있다. 그나마 하나는 올해 생겼다. 그들이 세계와 소통하는 방법은 유튜브와 페이스북이다. 한국처럼 다양한 문화를 접할 수 있는 공간도 없을 뿐더러 시간과 금전적 여유 또한 없다. 어떻게 보면 그들에게 문화생활은 사치일 수 있다.

시엠립에는 텔레비전이 없는 집이 대다수다. 거리를 걷다 보면 커다란 텔레비전을 향해 의자가 쭉 놓여 있는 가게들을 볼 수 있다. 텔레비전이 없는 사람들이 와서 스포츠 경기나 드라마, 영화 등을 본다. 현지 텔레비전을 보면 재미있는 뮤직비디오도 나오고, 한국의 슈퍼스타K 같은 음악 프로그램도 있다. 많은 젊은이들이 참여하고 경쟁도 치열하다. 하지만 시엠립과는 거리가 먼 이야기다. 이들은 유튜브와 페이스북을 통해 자국의 문화를 감상하고 공유한다. 이들에게는 텔레비전보다 더 영향력 있는 매체가 유튜브와 페이스북일 수도 있다.

벤 E. 킹이 부른 〈스탠 바이 미〉의 백미는 간주에 흐르는 바이올린 선율이다. 어린 아이들의 가냘픈 손목처럼 끊길 듯 이어지는 멜로디가 따뜻하면서 애처롭다. 꾼과 완야, 반야, 그리고 배유의 웃는 모습에서 바이올린 선율이 흘렀다.

반야는 쉬는 날 없이 매일 노래를 부른다. 밤마다 목청껏 노래를 부르고 하루에 10달러를 받는다. 완야는 한쪽 팔이 없다. 열여섯 살 때 오른쪽 팔을 잃었다. 2년 전이다. 그녀는 낮에는 일을 하고 일이 끝나면 매일 영어와 컴퓨터를 배운다. 패션과 관련된 일을 하고 싶어 한다. 그녀가 할 수 없는 일은 없다. 누구보다 밝은 미소를 가졌다. 꾼의 시간은 무료하지 않다. 학교 대신에 기타를 선택했다. 정말 학교가 재미 없어서 그만두었는지, 학교 갈 돈이 없어서 그만두었는지는 모른다. 하지만 꾼은 멋들어진 기타 연주를 하는 자신의 모습을 간직하고 있다. 배유 역시 욕심이 없다. 다섯 가족을 위해 뚝뚝을 몬다. 순박한 미소가 상대방을 포근하게 해 주는 매력이 있다.

나? 나는 이들을 만났다. 그리고 이들과 함께 있다. 함께 먹고, 마시고, 노래 부르고, 유쾌한 웃음을 나누고 있다. 순간, 한가족 같다는 느낌이 들었다. 어릴 때 가족과 놀러 갔을 때가 떠올랐다. 어떤 이해타산이나 조건 없이 나눌 수 있는 감정들. 반갑게 맞이해 준 그들에게 고마웠다. 험한 세상을 살아가기에는 아직 어린 그들이지만, 아니 그것은 우리의 시각이다. 그들은 이미 충분히 성장했고, 후회 없이 자신의 삶을 꾸려가고 있었다. 나에게도 가족이 생기면 좋겠다는 생각을 처음 해 봤다. 그들이 곁에 있어 줘서 고맙다. Stand by me.

해먹에 누워 있던 반야가 부스스한 얼굴로 일어났다. 노래 부르러 가야 할 시간이었다. 우리는 자리를 정리했다. 마치 영영 이별을 하는 것처럼 아쉬움이 몰려왔다. 뚝뚝을 타면 고작 10분 거리인데도 멀게만 느껴졌다. 아예 얼굴을 못 보는 것도 아니었다. 귀국하는 날까지 아직 일주일이 남아 있다. 그 사이 얼마든지 찾아오면 된다. 그래도 가까이 살았던 이웃과 멀어진다는 여운은 쉽게 떨쳐 버릴 수 없었다.

꾼의 집에서 그들을 내려 주고 꾼과 깊은 악수를 나눴다. 꾼은 또 놀러 오라는 눈빛으로 손을 흔들었다. 그들과 함께 보낸 하루가 가슴 한쪽에 묵직하게 자리 잡았다. 내 안에서 그들은 언제든 활짝 웃고 있을 것이다.

#10 친절한 캄보디아 청년

옮긴 숙소에서는 아침이 나오지 않았다. 가족이 운영하는 숙소였다. 프런트부터 관광안내, 객실 청소까지 가족이 맡아서 했다. 어림잡아 열 명이 조금 넘는 것 같았다. 아니다. 아장아장 걷는 아기들까지 하면 열다섯 명은 되는 것 같았다. 아침과 저녁이 되면 숙소 1층 로비에 있는 식당에 온 가족이 모여 식사를 했다.

이제 어느 정도 지리를 익혔으니 지도 없이도 혼자서 잘 다닐 수 있었다. 시엠립을 돌아다니다 보면 오토바이와 자전거를 탄 서양 관광객들을 쉽게 볼 수 있다. 하지만 일본이나 중국, 한국 관광객들을 본 적이 없다. 대부분 단체로 와서 그런지도 모른다.

두 번째 숙소에서 만났던 서양 관광객들은 나보다 더 오래 머물렀다. 그들의 휴가는 우리가 생각하는 것보다 훨씬 길었다. 짧은 휴가에 맞춰야 하는 한국 관광객에 비해 그들은 여유가 있었다. 이것이 아마 차이라면 차이일까. 그들의 여행과 우리의 여행은 달랐다.

푸른 잔디가 깔린 주립공원을 지나고 있는데 서양 노부부가 지도를 보며 살짝 다투고 있었다. 할머니는 '그렇게 왜 알지도 못하면서 이 더운데 걸어가느냐'며 투덜댔고, 할아버지는 묵묵부답 연신 지도와 주변 지형을 살폈다. 그냥 놔두면 화목한 노부부 사이가 틀어질 것 같아 내가 다가갔다.

"도와드릴까요?"

내 질문에 할아버지가 바로 국립박물관이라고 대답했다. 나도 마침 그 근처로 가니 따라오라고 했다. 바로 앞 사거리에서 좌회전을 하면 된다고 했다. 할아버지는 심통이 났는지 나를 앞질러 갔다. 맨 앞에 할아버지, 중간에 나, 맨 뒤에 할머니. 이상한 그림이었다. 사거리에 먼저 도착해 좌회전을 한 할아버지가 그 자리에서 멈춰 섰다. 사람이 다닐 인도가 없었던 것이다. 나는 걱정하지 말라며 앞장섰다. 반대편에서 오는 오토바이와 뚝뚝이들이 우리를 비껴갔다. 할아버지는 그제야 할머니와 호흡을 맞춰 걸었다. 나를 경계해서 그런지 걷는 내내 아무 말도 하지 않았다. 보통은 어디서 왔는지, 국립박물관은 괜찮은지, 당신은 가봤는지 물어보는데 일체 말없이 걷기만 했다.

나는 국립박물관 건물이 보이자 뒤돌아 할아버지를 바라보며 국립박물관 건물을 가리켰다. 할아버지와 할머니는 동시에 고맙다는 인사말을 건넸다. 나는 국립박물관 반대쪽으로 찻길을 건넜다. 나를 지켜보고 있던 할머니가 할아버지에게 하는 소리가 들렸다.

"참 친절한 캄보디아 청년이야."

왜 나에게 아무런 질문도 하지 않고 걷기만 했는지 알 것 같았다. 이제 유적지 어디를 가든 관광객 티켓을 안 끊어도 되려나?

#11 푸드 스트리트

시간을 천천히 즐기기에는 걷는 것만큼 좋은 것도 없다. 숙소에서 시내까지 몇 번을 걸어 다녔다. 마지막으로 잡은 숙소가 좋은 점은 산책로다. 국립박물관과 주립공원이 가까워서 선택했는데, 막상 와서 보니 시엠립 강을 끼고 산책로가 멋들어지게 조성되어 있었다. 이곳에는 사람도 많지 않았다. 잘 정비된 한적한 산책로를 천천히 걸으며 마음껏 시간을 즐길 수 있었다.

시엠립에서 제일 유명한 곳은 펍스트리트다. 이곳은 관광객들 위주로 형성이 되어 있다. 맥주와 간단한 식사를 즐기기에 좋다. 그러나 펍스트리트 말고도 새로 조성한 곳이 또 있다. 민속촌 근처에 있는 박스빌(Boxville)이다. 박스빌에는 현지인들이 가장 많고, 중국인, 한국인 순으로 모여든다. 아마 중국 단체 관광객들이 머무는 숙소가 근처에 많아서 그런 것 같다. 그리고 타라 앙코르 호텔 건너편에 있는 컨테이너 푸드 스트리트(Container Food Street)가 있다. 이곳에는 외국인을 볼 수가 없다. 소규모 놀이기구와 전 세계 음식을 맛볼 수 있는 식당, 그리고 맥주를 파는 곳이 저마다 특색 있는 인테리어로 손님을 맞이하고 있다.

한국으로 오기 전날 저녁을 먹으러 그곳에 갔었다. 걸어서 10분 정도 걸렸다. 가는 길에는 캄보디아 민속음악을 크게 틀어놓고 사람들이 원을 그리고 춤을 추고 있었다. 잠시 멈춰서 구경을 하고 있으니 옆에 서 있던 사람이 곧 캄보디아 새해라서 춤을 추는 거라고 했다. 캄보디아는 새해를 세 번 맞는다. 서양의 새해인 1월 1일, 중국의 설날, 그리고 자신들의 설날. 중국 설날은 음력으로 새고, 캄보디아 설날은 양력으로 샌다. 4월 중순을 '쫄츠남'이라고 해서 3일 동안 일을 하지 않고 새해맞이 축제를 연다.

컨테이너 푸드 스트리트를 돌아다니며 어느 나라 음식을 먹을지 고민하고 있는데, 어디선가 시끄러운 음악소리가 들렸다. 혹시나 하면서 음악소리가 나는 곳으로 갔다. 커다란 무대 위에서 밴드가 공연을 하고 있었다. 무대가 잘 보이는 맥주집 안으로 들어가 자리를 잡았다. 맥주를 시키고 그들이 연주하는 캄보디아 록을 들었다.

기타리스트의 연주가 돋보였다. 다른 연주자들도 손색 없었지만 기타가 솔로로 연주를 할 때면 귀를 의심할 정도로 매끄럽게 잘했다. 기타의 쉬지 않는 현란한 테크닉의 애드리브를 들으니까 꾼의 얼굴이 떠올랐다. 지금이라도 전화를 할까. 하지만 꾼이 올 때쯤이면 밴드 공연은 이미 끝나 있을 것이다. 아쉬웠다. 꾼이 이 공연을 봤다면 좋았을 텐데. 갑자기 꾼에게 들려주고 싶은 곡들이 떠올랐다. 내일 한국으로 돌아가기 전에 그를 만날 수 있을까?

공연이 끝나고 맥주로 배를 채운 후 자리에서 일어났다. 밖으로 나오는데 이번에는 얼핏 봐도 전문가의 풍모가 느껴지는 노령의 연주자들이 민속노래를 연주하고 있었다. 그들 앞에는 캄보디아 사람들이 모여서 역시 원을 그리며 춤을 추고 있었다.

이들의 민속음악은 춤추기에 안성맞춤이다. 아무리 몸치라도 누구든지 춤을 출 수 있게 설계된 음악이다. 동작이 크지 않고, 몸을 많이 움직이지 않아도 된다. 일정한 리듬에 몸이 흐르는 대로 맡겨버리면 된다.

새해 복을 받기 위해 남녀노소 가리지 않고 누구나 춤을 춘다.

"수어스다이 츠남 트마이(새해 복 많이 받으세요)."

#12 안녕, 시엠립 그리고 꿈

가는 날이다. 한 달이 어떻게 지났는지 모르겠다. 막상 떠나려고 하니 알 수 없는 허전함이 밀려왔다. 짐을 다 싸고 나서 밖으로 나왔다. 그동안 돌아다니면서 가보고 싶었던 카페가 있었다. 그곳에서 커피 한 잔을 마시고 싶었다. 아껴 두었던 시집을 챙겼다.

카페는 아담했다. 테이블 3개. 커피를 주문하고 자리를 잡았다. 커피를 마시고 나올 때까지 외국 관광객은 한 명도 들어오지 않았다. 현지인들이 간혹 오토바이를 타고 와서 커피를 사가는 것이 전부였다.

에어컨 바람이 시원하게 나오는 자리에 앉아 가지고 온 시집을 읽었다. 가끔 고개를 들어 커피숍 앞에 흐르고 있는 시엠립 강을 쳐다봤다. 한적한 거리에 사람도, 오토바이도 지나가지 않았다. 이 카페를 인수하고 싶다는 생각이 들었다. 바리스타 자격증도 없지만 고즈넉한 시간 속에 몸을 웅크리고 싶었다.

잠시 책을 접고 멍하니 밖을 내다봤다. 작지만 작지 않은 공간에 캄보디아 가요가 낮게 흘렀다. 그리고 시엠립의 한낮이 나에게 스며들었다.

한낮

그때
너를 기다리면서
카페에서 흘러나오는 곡을 세고 있었지
한 곡이 끝나고 다시 한 곡이 시작되고
한 곡이 보통 3분이니까 열 곡이 끝나면,
그러니까
열 번의 사랑과
열 번의 이별과
열 번의 추억과
열 번의 짙푸른 모래알이 흐르면
너는 내 앞에 앉아 있겠지

시커멓게 그을린 시간들을 지나
거의 멈춰 있는 시엠립 강가에 놓인 카페에 앉아
흐르는 곡을 세고 있다
너는 여전히 오지 않고 있고
난 여전히 눈부신 뙤약볕을 피해

숨어든 곳에서 곡을 세고 있다
알 수 없는 가사 말들을 곱씹으면서
그때도
세고 있던 모든 곡들의 가사 말이
네가 곧 다가와 슬며시 흘릴 눈빛으로 생각했지

한창 뜨거웠던 20대의 한낮이
20년이 지나 다시 찾아왔다
하필 시엠립 강가에서
하필 앙코르와트를 짓기 위해
10톤의 바위를 실어 나르던 강에서
다시 마주쳤다

너는 누구고,
나는 왜 너를 기다린 걸까
그리고 난 왜 다시 너를 기다리는 걸까

하필 멈춘 듯 느리게 손을 뻗고 있는
이곳에서
하필 몸이 녹아 한낮이 되는
이곳에서
하필이면
하필이면 말이야

시엠립에서 마주한 한낮을 메모지에 단숨에 적었다. 그리고 나는 중요한 것을 잊은 사람처럼 카페를 서둘러 나와 숙소로 향했다. 숙소로 돌아와 가방을 풀어 노트북을 꺼내고 음원 사이트에 접속해 USB에 음악을 다운 받았다.

폴더 이름은 꾼.

프런트로 내려가 뚝뚝 기사 배유를 불러달라고 했다.

꾼의 아버지는 나보다 어렸다. 꾼은 한국의 여느 사춘기 소년처럼 아버지와 대화를 하지 않았다. 그러나 아버지보다 나이가 많은 나하고는 친구가 되었다. 이것이 여행의 힘인가. 여행 마지막 날에 마주한 '한낮'이 나를 일으켜 세웠다. 나는 배유에게 공항으로 가기 전에 꾼의 집에 들르자고 했다.

꾼은 혼자 있었다. 나는 꾼에게 휴대폰을 달라고 했다. USB를 꾼의 휴대폰에 연결시키고 음악을 복사했다. 꾼이라는 이름의 폴더가 생겼다. 꾼에게 폴더 위치를 알려 주고 음악을 들으라고 했다. 꾼은 심각하게 음악 파일을 쳐다봤다.

네가 이 곡들을 듣고 더 넓고 깊은 연주를 할 수 있다면…….

내가 네 나이 때 포기했던 기타를 너는 놓지 않았으면…….

지금 네가 가진 것들을 나이가 들면서 어쩔 수 없다는 이유와 핑계로 외면하지 않았으면…….

십 년 후에도, 이십 년 후에도 꾼은 꾼이라는 사람으로 남아 있었으면…….

그렇게 비겁하지 않게 너의 가슴에서 뜨겁게 타오르고 있는 '한낮'을 세상에 내보일 수 있기를…….

꾼을 가슴으로 꼭 안았다. 꾼은 영문을 모르는 채 멀뚱멀뚱 서 있었다. 나는 뚝뚝에 실은 짐에서 기타를 꺼냈다. 꾼은 내 짐을 보고 그제야 눈치를 챘다. 나는 꾼에게 기타를 넘겼다. 꾼은 받지 않겠다며 손을 뒤로 뺐다. 나는 꾼의 노트를 펼치며 내가 그려준 악보들을 다 외우라고 했다. 다음에 올 때 시험을 보겠다고 했다. 그때까지 이 기타로 연습하라고 했다. 더 좋은 기타를 주고 싶었지만 그러지 못해 미안하다고 했다. 꾼은 기타를 받았다. 그리고 꼼짝하지 않고 나를 쳐다봤다. 꾼과 마지막 악수를 나눴다.

나는 뚝뚝에 올랐다. 꾼은 여전히 꼼짝도 하지 않고 나를 쳐다봤다. 눈물을 흘리지도, 인상을 쓰지도, 쓸쓸한 미소도 짓지 않았다. 마치 붙박이처럼 어정쩡하게 기타를 받아들고 멀어지는 나를 끝까지 쳐다봤다.

공항으로 가는 길에 불어오는 바람이 상쾌하면서도 허전했다.

안녕, 시엠립 그리고 꾼.

알고 보면 재미있는
앙코르 유적 3

앙코르와트

앙코르 톰

따 프놈

바이온 사원

쁘리아 칸

반띠 스레이

신화와 건축 배경

앙코르 유적의 기본 설계 ─ 만다라(Mandala)

앙코르 유적을 볼 때 만다라를 떠올리면 쉽게 그림이 들어온다. 이유는 유적의 기본 설계가 만다라 모양을 하고 있기 때문이다. 만다라를 기본 골격으로 중앙탑과 도서관, 그리고 조각으로 이루어져 있다. 중앙탑은 원추형 탑으로 연꽃 모양을 하고 있다. 중심 건축물 양쪽으로 도서관이 있으며, 조각은 신화와 역사·사회상 등의 내용을 담아 벽면을 가득 메우고 있다.

만다라는 삼라만상, 우주의 본질을 간직한 그림으로 밀교에서 발달한 상징을 불화로 표현한 그림이다. 산스크리트어로 원 모양의 의미를 가진 만다라는 '참(眞), 본질(本質)의 manda'와 '소유, 성취의 la'가 합쳐진 단어다. 밀교에서는 깨달음의 경지를 표현한 뜻으로 '윤원구족(輪圓具足)'이라고 하였다. 이는 모자라는 것이 없이 모든 것을 다 갖추었다는 뜻이다.

중심에서 시작한 정사각형과 원이 사방으로 뻗어 나오는 것이 특징인 만다라는 예배의 대상으로 명상할 때 주로 사용되며, 안에서 밖으로 휘몰아치듯 나오는 기하학적인 그림은 인간과 우주의 원리, 의식과 무의식, 깨어 있음과 잠들어 있는 것을 구분한다.

이 만다라의 형상을 지상에 그대로 재현해 놓은 것이 바로 앙코르 건축이다.

〈마하바라타〉

앙코르와트에 들어서면 벽면을 가득 메우고 있는 부조를 만날 수 있다. 〈마하바라타〉의 이야기를 알고 있으면 이 벽면에 새겨진 부조를 보는 데 도움이 된다. 〈마하바라타〉는 고대 인도의 대서사시로, 바라타족들의 전쟁 이야기다. 왕권을 둘러싸고 벌어지는 형제간의 치열한 전투를 담고 있다.

산타누 왕에게는 비슈마와 위치트라위리야라는 두 아들이 있었는데, 비슈마는 장자임에도 왕권에는 관심이 없어 동생에게 왕위를 물려준다. 위치트라위리야에게도 두 아들이 있었는데, 장자인 디리타라쉬트라는 태어날 때부터 장님이라서 동생인 빤두가 왕위를 계승한다. 장자가 왕위를 물려받아야 한다는 문제를 놓고 디리타라쉬트의 아들들과 빤두의 아들들 사이에 전쟁이 일어난다. 디리타라쉬트의 아들 중 장자인 두료다나와 빤두의 아들 아르주나는 크리슈나에게 도움을 요청해 전쟁을 치른다.

그러나 전쟁이 시작되었을 때 아르주나는 회의감에 빠진다. 형제, 친척들을 마주하니 용기가 나지 않았다. 이를 본 크리슈나가 이제는 돌이킬 수 없는 상황이라며 인간의 감정을 배제시키고 오직 전투에만 몰입하도록 설득한다. 결국 두료다나가 죽으면서 전쟁이 끝난다. 전쟁 중에 비슈마는 수없이 많은 화살을 맞아 전사했고, 매일 시체가 산을 이루었으며, 잔혹한 살상으로 얼룩진 대지가 피로 물들었다.

앙코르와트 벽면에는 이 전쟁을 부조로 새기고 있다. 또한 〈우유 바다 젓기〉 부조와 비교를 해 보면 재미있는 상징성을 발견할 수 있다. 기존 권력을 몰아내고 새로운 왕조를 건설하는 과정을 그리는 내용의 부조는 수리야바르만 2세의 이야기이기도 하다. 〈우유 바다 젓기〉에 있는 비슈누 신과 전투에서 승리한 인물의 위치가 공교롭게도 같은 위치에 있다. 이는 앙코르와트를 건립할 때 수리야바르만 2세가 쿠데타로 잡은 자신의 왕권의 정당성을 나타내기 위함이면서 신화 창조의 토대가 되는 〈우유 바다 젓기〉를 통해 새로운 왕국의 시작을 알리는 상징을 담고 있다.

나가-바수키-뱀

앙코르 유적 어디를 가든지 뱀의 형상을 만날 수 있다. 또한 부조에도 뱀을 새겨 놓았다. 이렇게 뱀을 숭배하듯 여러 곳에 형상화한 이유는 무엇일까?

인도 신화에 '나가(Naga, 뱀)' 이야기가 나온다. 상반신은 사람이고, 하반신은 뱀이다. 물의 신이라고도 하고, 코끼리와 동격이 될 때도 있다. 머리는 보통 5~7개다. 이 중에 우두머리 격인 세샤

(Sesha, 지속성·잔존성)는 머리가 일곱 개이며, '아난타(Ananta, 끝없음)'라고도 불린다.

만물의 신 비슈누는 창조자이고 보존자이며, 파괴자의 권능도 가진 존재다. 세상 만물이 생기기 전에 비슈누는 똬리를 튼 세샤 위에 누워서 세상 창조에 대한 설계를 했다고 한다. 그리고 창조를 위해 옆구리에서 브라흐마(Brahma)를, 세상의 보존을 위해 왼쪽 옆구리에서 비슈누를, 마지막으로 파괴를 위해 자기 몸 한가운데서 시바(Shiva)를 꺼냈다고 한다. 이 이야기와 앙코르 유적을 이어 보면 앙코르 유적에는 신화와 상징이 가득한 탄생과 지속, 영원, 그리고 파괴와 죽음이 연결되어 있다.

앙코르 유적에서 만날 수 있는 뱀은 바수키(Vasuki)다. 머리가 다섯 개인 바수키는 나가의 왕이다. 앙코르와트 부조에 있는 〈우유 바다 젓기〉에 바수키가 등장한다. 줄 대신 잡고 있는 것이 바수키다. 다른 유적에서도 바수키 형상을 만날 수 있다. 신화와 부조에 나오는 나가들을 갈등으로 빚어진 전쟁을 푸는 화해의 도구로 사용했다. 악마와 선한 신들 사이에 나가가 있다. 중간자, 매개자 역할을 하는 뱀의 형상이 크메르인들에게 화해와 용서의 상징으로 자리 잡고 있는지도 모른다.

앙코르 탑의 특징

중앙탑은 정방향으로, 입구는 항상 동쪽을 바라보고 있다. 입구를 뺀 나머지 부분은 부조로 되어 있다. 탑 꼭대기는 연꽃을 연상시키는 원추형이다.

초기의 탑은 한 개만 건축했으나 점차 사원 규모에 맞게 복잡해졌다. 룰루오스 사원에서 초기 탑을 볼 수 있다. 중기에는 다섯 개로 만들었는데, 이는 힌두 신화에 나오는 수미산(메루산)의 다섯 개 봉우리를 상징한다. 계단에는 수문장인 코끼리나 사자 등으로 장식했으며, 프놈 바켕과 동쪽의 메본 등에서 볼 수 있다. 마지막에 지어진 탑들은 사원 규모가 커지면서 탑의 구조 역시 복잡해졌다. 부속 탑들이 많아졌고, 앙코르 톰에서 볼 수 있는 탑에 얼굴을 조각한 것이 독특하다.

스몰 투어 앙코르

앙코르 톰(Angkor Thom)

» 뜻 : 대도시 국가, 위대한 도시
» 시기 : 자야바르만 7세(Jayavarman Ⅶ)
» 크기 : 한 변 3㎞, 높이 8m, 약 27만 평 규모
» 내부 : 바이온 사원, 코끼리 테라스, 문둥이 왕 테라스, 피메아나카스(천상
  의 왕궁)

앙코르 유적지를 관람하려면 꼭 봐야 할 곳 중에 하나가 바로
앙코르 톰이다. 앙코르 톰은 '거대한 도시, 위대한 도시'라는 뜻으
로, 한가운데에 바이온 사원이 있고 주변으로 바푸온·코끼리 테
라스·문둥이 왕 테라스·피메아나까스 등이 있다.

앙코르 톰은 하나의 거대한 도성이며, 안에 다양한 건축물들이
있다. 또한 앙코르 톰의 성곽은 히말라야 산맥(우주를 둘러싼 벽)
을, 해자는 우주의 바다를 나타낸다. 거대한 성벽을 쌓고, 인공으
로 해자를 파서 외부의 침입을 막았다. 1177년 참국의 침략을 계
기로 왕족과 국민을 지키기 위해 방어적인 수단으로 수도를 요새
화한 것이다.

앙코르 톰은 자신을 관세음보살이라 칭하며 국민들을 구제하

고 대승불교로 정치적, 종교적 이념을 세웠던 자야바르만 7세가 건설했다.

바이온 사원(The Bayon)

앙코르 유적지라고 하면 앙코르와트와 거대한 얼굴 석상이 있는 바이온 사원, 그리고 폐허가 된 도시를 뒤덮고 있는 따 프놈이 떠오른다. 앙코르와트와 바이온 사원은 비슷해 보이면서 다른 구조를 갖고 있다. 예술적인 시선으로 보면 비슷하지만 건축 기술이나 설계, 장식 등 사원을 지은 목적은 다르다.

1925년, 벽에 관음보살에 관한 내용이 발견되면서 야소바르만 1세 때 건축된 것이 아니라 자야바르만 7세 때 지어진 사원이라는 것이 증명되었다. 하지만 전체 구조를 알 수 있게 하는 초기 건물들이 폐허가 되었기 때문에 용도나 의미, 사원의 초기 형태, 전체 구조를 파악하는 데 어려움이 있다. 왕궁 안에 있는 불교세계의 중심이 되는 수미산으로 추측할 뿐이다.

바이온이 가진 특징 중 하나는 54개(현재 37개)의 탑에 동서남북 4면으로 새겨진 200여 개의 얼굴이다. 얼굴을 보면 관세음보살상하고 비슷하다. 통통한 얼굴에 지그시 감은 눈, 수인만 있다면 관세음보살이라고 해도 무방하다. 크메르 사람들은 자신을 관세음보살이라고 얘기한 자야바르만 7세로 보기도 한다. 자야바르만 7세가 자신을 관세음보살로 신격화시켰기 때문이다. 그래서 왕이 곧 관세음보살이고, 관세음보살이 곧 왕이다. 넓은 이마, 살며시 감은 눈, 두꺼운 입술로 미세한 미소를 짓고 있는 얼굴에서 '앙코르의 미소(Khmer Smile)'라는 말이 생겨났다.

바이온 건축과 회랑

바이온 사원은 3층 구조다. 1층과 2층은 사각형으로 벽에는 부조가 조각되어 있다. 그 위 중앙 사원인 3층은 둥근 모양이다. 안은 미로처럼 회랑이 이어져 있고, 좁은 통로와 낮은 천정으로 설계되었다.

바이온에 있는 부조는 크게 두 가지로 볼 수 있다. 대승불교와 힌두교. 외부 회랑에 새겨진 부조는 대승불교로 속세의 인간사를 반영한 반면 내부 회랑은 신과 신화, 전설 등 힌두교에 대한 이야기로 채워졌다. 게다가 3층 중심탑 내부에는 여러 수호신들을 모시고 있는 판테온(萬神殿)이 있다.

외부 회랑은 2단, 3단으로 구분되어 자야바르만 7세가 똔레삽 호수에서 참파족(베트남)과 벌인 전투 장면과 궁중의 생활상, 당시 사회의 일상생활상을 그리고 있다.

1177년, 왕이 잠시 궁을 떠나 있는 사이에 참파군이 똔레삽 호수를 타고 올라와 앙코르를 점령했다. 그 후 1181년 자야바르만 7세가 즉위하면서 참파군을 몰아냈다. 1190년, 참파군이 다시 침공해왔지만 자야바르만 7세가 군사를 이끌고 나가 참파군을 굴

복시켰다. 그리고 1203년부터 1220년까지 참파국을 지배했다.

동쪽 벽에는 1190년 재침공한 참파군과의 전투가 묘사되어 있다. 왼쪽에서 오른쪽으로 진군하는 군사가 크메르군이고, 오른쪽에서 왼쪽으로 향하는 군사가 참파군이다. 바이온 사원의 부조 중에 가장 뛰어난 사실 묘사를 담고 있다.

남쪽 벽에는 참파군이 1177년 침공했던 전투와 일상생활의 모습을 담은 부조가 있다. 뱃머리에 가루다의 얼굴이 있는 배를 타고 온 참파군과 크메르군이 충돌하자 백병전이 벌어진다. 코끼리를 탄 지휘관 중 여러 개의 파라솔을 쓰고 있는 사람이 자야바르만 7세다.

선유를 묘사한 부조에는 시장 풍경과 투계 장면, 손금을 보는 점쟁이, 호객꾼, 짐을 나르는 사람, 장 보는 여자가 있다. 그리고 주방의 모습도 보인다. 이 중에서 사람들이 손가락질을 해대며 싸우는 투계 장면은 미술사적으로 높은 평가를 받고 있다.

코끼리 테라스(Terrace of the Elephants)

자야바르만 7세 때 건축이 시작되어 자야바르만 8세 때 증축이 이루어졌다. '코끼리 테라스'라는 명칭은 현대에 와서 붙여진 이름이다.

목조로 지어진 궁궐은 소실되었고 테라스만 남아 있다. 테라스는 길이가 300m에 이르고, 3m의 석축에는 코끼리들이 빼곡히

서 있다. 중앙에는 황실 코끼리가, 양옆에는 가루다가 테라스를 받치고 있다. 실물 크기의 코끼리의 옆모습을 조각한 조각상이 경이롭다. 군대의 열병식과 다양한 행사들을 주관하고 관장했던 곳이다. 계단 내부 벽에는 압사라들과 악마들에게 둘러싸여 있는 머리가 다섯 달린 말이 조각되어 있는데, 왕이 타고 다녔던 말로 추정된다.

문둥이 왕 테라스(Terrace of the Leper King)

25m 길이에 외벽과 내벽 이중 구조로 되어 있다. 테라스 가운데에는 문둥이 왕의 전신상이 있다. 원형은 프놈펜 국립박물관에 소장되어 있고 여기에 있는 것은 복제품이다.

조각에는 '야마의 심판'이란 문자가 새겨져 있다. 야마는 죽음의 신, 심판의 왕, 즉 염라대왕이란 뜻이다. 앙코르 유적 대부분은 사당의 성격을 갖고 있다. 왕을 화장한 후 유골을 모셔두었기 때문이다. 문둥이 왕 테라스에도 왕들의 전용 화장터가 있었다. 그렇기 때문에 문둥이 왕 조각은 야마를 나타낸다는 것이다.

캄보디아 구비설화에 이런 내용이 있다. 왕에게 무릎 꿇기를 거부한 신하의 목을 쳤는데 신하의 목이 잘려 나갈 때 신하의 침이 왕에게 튀었고, 왕은 신하의 침으로 인해 문둥병에 걸렸다는 것이다. 그러나 어디에도 왕이 문둥병에 걸렸다는 기록은 없다.

피메아나카스(Phimeanakas)

이곳은 왕궁이 거느린 부속 사원이다. 왕이 수시로 드나들었으며, 왕이 뱀 여인과 동침하는 비밀스런 궁전이기 때문에 '하늘의 궁전(Aerial Palace)', 또는 '황금탑'이라 불린다.

원나라 사신 주달관(周達觀)이 지은 『진랍풍토기(眞臘風土記)』에 보면 이곳을 사원이 아니라 궁전으로 표현하고 있고, 왕과 뱀에 관한 이야기를 하고 있다.

밤이 되면 왕은 잠을 자기 위해 피메아나카스 탑 꼭대기에 오르기 시작한다. 왕궁 전체가 잠에 빠져들 무렵이면 성스러운 뱀(Naga)이 왕궁을 방문하여 아름다운 여성으로 변하고 매일 밤 국왕과 지내다 아침이 되면 자취를 감추곤 했다.

그러다가 여인이 찾아오지 않는 밤이면 왕국 전체가 무서운 공포와 기근에 휩싸이고 결국 그녀가 나타나지 않으면 국왕의 죽음이 눈앞에 다가왔다는 암시를 보낸 것이라고 사람들은 믿게 되었다.

여기에 나오는 뱀의 이야기는 이후에 신앙으로 전해지다가 조금씩 변형이 되어 용신(龍神) 이야기가 되었다. 목조로 지은 피케아나카스는 소실되었고, 석조 건물 몇 채만 남아 있다.

앙코르와트(Angkor Wat)

» 뜻 : 도시 사원, 절
» 시기 : 수리야바르만 2세(Suryavarman Ⅱ)
» 크기 : 동서 1,500m, 남북 1,300m, 총 60만 평, 해자 폭 250m
» 내부 : 만다라 모양, 중앙탑과 주변 탑

수리야바르만 2세 때 축조했다. 건축학적·미학적·종교적 상
징성이 세계에서 최고라는 찬사를 받는다. 앙코르와트는 우주의
모형을 그대로 지상에 구현시켰다. 하늘에서 내려다보면 검회색
으로 된 만다라다.

사원 중심에 중앙탑이 있고, 주변에 네 개의 탑이 있다. 중앙탑
은 메루산을, 다른 탑은 봉우리를 나타낸다. 성벽은 세상을 둘러
싼 산맥을, 해자는 우주의 바다를 상징한다. 탑은 뾰족한 연꽃 봉
오리 형태다. 중앙탑이 있는 3층은 천상계, 2층은 인간계, 1층은
미물계를 상징한다.

총 60만 평 부지에 해자를 파고, 성벽을 쌓은 후 사원을 지었
다. 해자의 수심은 1~2m이고, 악어가 살았다고 한다. 상징적인
의미는 이승과 우주의 경계지만 아마도 적의 침입을 막는 방어의
기능이 컸을 것이다.

수리야바르만 2세는 자야바르만 7세와 함께 앙코르 제국의 최
대 영웅이다. 수리야바르만은 '태양이 보호하는 왕'이란 뜻이다.
그는 정실이 나은 아들은 아니었지만 경쟁자였던 왕자를 제치고

왕위에 올랐다. 그리고 참파국을 토벌하여 처남을 왕으로 앉혔고, 중국에 사신을 보내는 등 외교적으로도 활발한 활동을 했다. 그는 이전의 왕들과 차별성을 두기 위해 불교 친화적 정치에서 힌두 친화적 정치로 바꿨다. 앙코르와트가 바로 그의 힌두 친화적 종교관과 사상을 보여 주는 대표 건축물이다.

앙코르 유적의 건물들 대부분은 동쪽에 정문이 있지만 앙코르와트는 서쪽에 정문이 있다. 동쪽은 생명을 뜻하고, 서쪽은 죽음을 의미한다. 수리야바르만 2세의 장례를 위해 정문을 서쪽으로 향하게 했다는 이야기가 있는데, 내부에 있는 부조가 힌두교 장례 절차대로 왼쪽에서 오른쪽으로 돌며 조각되어 있다는 근거에 기초한 것이다. 그리고 크메르 민족은 신정사상, 즉 왕이 죽으면 신과 합일한다는 믿음이 있어서 생명을 뜻하는 동쪽이 아닌 죽음을 향하는 서쪽으로 지었다고도 한다.

앙코르와트 1층은 미물계를 상징한다. 이 중에 가장 유명한 것이 〈우유 바다 젓기(The churning of the sea of milk)〉이다. '유해교반(乳海攪拌)'이라고도 한다.

인도의 창조 설화인 〈바가바타-푸라나〉에서 유래된 악마들과 신들이 1,000년 동안 우유 바다를 휘저어 불멸의 약 '암리타'를 얻는 내용을 약 50m 길이에 걸쳐 부조해 놓았다.

악마와 신들의 끝없는 전쟁을 지켜보던 비슈누가 한 가지 제안을 했다. 이렇게 끝나지 않는 싸움을 하지 말고 악마와 신들이 함께 우유 바다를 저으면 암리타를 얻을 수 있을 것이라며 우유 바다 젓기를 제안했다.

신과 악마들은 우유 바다를 젓기 위해 바슈키 뱀으로 만다라 산을 세 번 감고 머리 쪽에는 악마들이, 꼬리 쪽에는 신들이 잡아 당기며 우유 바다를 휘젓기 시작했다. 이때 비슈누는 거북이로 변신해 만다라 산을 받쳤다. 거대한 만다라 산으로 바다를 휘저을수록 산과 바다에 살던 생물들이 파괴되었다.

1,000년 동안 우유 바다를 젓자 바다에서 많은 것들이 떠올랐는데, 삼계를 파괴하는 깔라꿀라도 떠올랐다. 시바는 삼계를 지키기 위해 깔라꿀라를 삼켰고, 깔라꿀라의 강한 독으로 인해 시바의 목이 타들어가면서 파랗게 변했다.

악마와 신들이 1,000년을 이어 오면서 휘저은 우유 바다에 떠오른(창조한) 것 중에는 비슈누의 아내가 되는 '락슈미'와 '압살라', 그리고 모두가 그렇게 애타게 찾았던 '암리타'도 있었다.

악마들이 먼저 암리타를 손에 넣었다. 이를 본 비슈누가 아름다운 마법의 여신 마야로 변신해 악마들에게서 암리타를 빼앗고 신들에게 나눠 주었다. 아수라가 이를 알고 신으로 변신해 암리타를 마시려고 했지만 태양과 달의 신에게 들켜 목이 잘리고 말았다. 아수라는 머리만 살아남아 태양과 달에게 복수하기 위해 삼키지만 하나는 너무 뜨겁고, 하나는 너무 차가워 결국 삼키지 못하고 먹었다가 뱉어 내는 것을 반복했다. 이것이 일식과 월식의 전설로 남았다.

2층 회랑에는 천상의 무희 압살라가 있다. 1,500명이라고 하기도 하고, 2,000명이라고도 한다. 3층으로 올라가면 탑이 나온다. 중앙 사원의 천상계는 신을 위한 공간이다. 왕과 승려만 출입이 가능하다. 미물이나 인간은 감히 오를 수 없는 곳으로, 가파른 계단을 만들었다고 한다.

앙코르와트는 본래 힌두 사원으로 지어졌지만 15세기 이후 불교 사원이 되었다. 불상들은 건축 당시 조성된 것이 아니라 후대에 옮겨 온 것이다.

프놈 바켕(Phnom Bakheng)

» 뜻 : 바켕 산
» 시기 : 야소바르만 1세(Yasovarman I)
» 크기 : 기단부의 가로·세로 각각 76m, 높이 13m, 기단의 4면에 경사 70도의 가파른 계단

앙코르 유적 중에 제일 먼저 만들어졌다고 한다. 그만큼 오랜 시간을 버텨 왔기 때문인지 손상이 심하다. 상층부에 신전 다섯 개를 만든 것이 앙코르 유적 중에 최초다. 기단, 중간 다섯 개 층, 상층에 다섯 개의 탑이 배치된 정사각형―만다라 구도다. 규모는 크지 않지만 앙코르 중심이 곧 세상의 중심이라는 상징성으

로 그 의미는 크다. 이곳에 오르면 사방으로 앙코르 유적지를 볼
수 있다.

야소바르만 1세가 왕위에 오르면서 룰루오스에서 앙코르 지역
으로 옮겨 와 도시를 세웠다. 그리고 도시 중심에 자신을 상징하
는 사원을 지어 시바에게 바쳤다. 야소바르만 1세는 지방 출신 장
수였다. 용맹했던 그는 여러 차례 외세 침략을 막아 내고 이를 발
판 삼아 중앙으로 진출해 권력을 잡았다. 초기 앙코르 왕조는 직
접적인 왕위 계승과 철저한 통제가 이루어지는 중앙집권체제가
아니었다. 그를 앙코르 제국의 기틀을 마련한 왕이라고 보는 견
해도 있지만 견고하게 내실을 다지지는 못했다. 그가 죽고 난 후
50여 년 동안 지방 호족들 간의 싸움이 끊임없이 이어졌다.

따 프놈(Ta Prohm)

» 뜻 : 브라흐마의 조상
» 시기 : 자야바르만 7세(Jayavarman Ⅶ)
» 크기 : 가로(동서) 1,000m, 세로(남북) 600m, 약 18만 평
» 내부 : 신상 260개, 첨탑 39개, 주거시설 566개

앙코르와트와 앙코르 톰과 함께 사람들이 가장 많이 아는 곳이
바로 이곳이다. 안젤리나 졸리가 출연했던 영화 〈툼 레이더〉의
배경이 된 곳이기도 하다.

벵골 보리수(Spung)와 무화과나무, 판야나무가 사원 전체를 뱀처럼 휘감고 있다. '브라흐마의 조상'이란 뜻인 이곳은 자야바르만 7세가 어머니를 위해 세웠다. 그리고 아버지를 위해서는 쁘리아 칸을 만들었다. 처음에는 바이온 양식의 불교 사원이었지만 자야바르만 7세가 죽은 후 힌두교 사원으로 바뀌었다.

이곳은 건축물의 웅장함이나 조각의 섬세함보다는 폐허가 만들어 낸 자연과 어우러진 광경이 압도적이다.

빅 투어 앙코르

따 솜(Ta Som)

» 시기 : 자야바르만 7세
» 구조 : 반띠 끄데이의 축소판

자야바르만 7세가 아버지의 제사를 지내기 위해 지은 곳이다. 전체를 둘러보는 데 30분이면 충분한 작은 규모지만 따 프놈에서 만나는 자연의 웅장미와 반띠 끄데이의 정교하면서 아름다운 예술 조각을 만날 수 있는 곳이다. 작은 따 프놈, 스몰 바이온, 반띠 끄데이 축소판이라고 할 정도로 따 프놈의 특징인 거목의 웅장함, 바이온의 거대 얼굴, 정교한 조각의 극치를 자랑하는 반띠 끄데이 등 다른 유적의 특징을 옹기종기 모아 한곳에서 볼 수 있다.

스라 스랑(Srah Srang)

» 뜻 : 청결하다(clean)는 뜻(스라(srah)→물(water), 스랑(srang)→깨끗하다)
» 시기 : 축조 라젠드라바르만 2세, 재건축 자야바르만 7세
» 구조 : 가로 300m, 세로 700m, 21만m², 6만 3,525평, 축구장 20개 넓이

이곳을 만든 라젠드라바르만은 프놈 바켕을 지은 야소바르만

1세가 죽은 뒤 50여 년 동안 혼란했던 부족들을 통합시킨 왕이다. 쁘레 럽, 동 메본, 반띠 끄데이, 반띠 스레이 등을 건축했다. 그는 분열된 부족들을 한데 모으고 권력을 강화했으며, 라오스·미얀마·베트남 남부·중국 남부까지 점령하고 950년에는 참파국에 원정을 나가 포 나가르(Po Nagar) 사원에 있는 금불상을 전리품으로 가져오기도 했다. 입구에는 돌사자 두 마리가 있고, 난간에는 나가(뱀) 조각이 있다. 왕이 사용하던 목욕탕이라고 전해진다.

쁘레 럽(Pre Rup)

» 뜻 : 죽은 육신의 그림자(화장한 후의 재)
» 시기 : 라젠드라바르만 2세
» 구조 : 인공으로 만든 산 위에 라테라이트와 벽돌로 건설, 3층의 사각형 구조

성벽 두 개로 둘러싸여 있는 전탑 양식으로, 사원이 가진 뜻(죽은 육신의 그림자) 때문에 장례가 이루어지던 곳으로 알려져 있다. 동쪽 입구에는 이를 증명이라도 하듯 화장을 위한 직사각형의 벽돌 통이 있다.

앙코르 제국에서 20년 넘게 집권하면서 제국을 융성시킨 왕이 네 명 있다. 현재 남아 있는 앙코르 유적의 대부분을 이들이 건축했다. 첫 번째가 야소바르만 1세(8세기 말~9세기 초)이고, 두 번째가 라젠드라바르만(9세기 중엽), 세 번째가 수리야바르만 2세

(12세기 초~중엽), 마지막으로 자야바르만 7세(12세기 말~13세기 초)다. 쁘레 럽은 두 번째인 라젠드라바르만 때 건축된 사원이다.

반띠 끄데이(Banteay Kdei)

» 뜻 : 재판의 성(재판정), 방들의 성(城 Banteay, 방 Kdei)
» 시기 : 자야바르만 7세
» 구조 : 내부에 해자, 사암으로 건축

이곳의 정보를 알려 주는 비문이나 자료는 발견되지 않았다. 앙코르 왕조 때 법정으로 추정할 뿐이다. 다른 곳과 달리 해자가 외부에 없고, 내부에 있다.

앙코르 제국의 법을 살펴보면 당시 극형은 존재하지 않았다. 아무리 사소한 사건이라도 모든 소송은 국왕이 지켜보는 데서 다루어졌다. 크게는 태형이나 장형 같은 벌은 없고 벌금형이 대부분이었다. 만약 대역죄를 지은 죄인이 있다면 교수형, 참수형 대신 성문 밖에 땅을 파서 그 속에 죄인을 넣고 그 위에 돌을 쌓아올리는 벌을 내렸다. 며칠 동안 벌을 받은 죄인이 깊이 반성하고 잘못을 뉘우치면 질식해서 죽기 직전에 풀어 줬다. 그 아래 단계의 죄를 지은 죄인에게는 손가락이나 발가락, 코를 자르는 형벌도 있었다. 부인이 바람을 피우다가 남편에게 걸렸을 경우에는 부인과 바람을 피운 남자를 잡아다 주리를 틀었다. 바람을 피운 남자가 사실을 인정하고 자백을 하면 풀어주었는데, 이때 가지고 있던 전 재산을 바람을 피운 여자의 남편에게 고스란히 바쳐야 했다.

쁘리아 칸(Preah Khan)

» 뜻 : 신성한 검(Sacred Sword)
» 시기 : 건축 자야바르만 7세, 증개축 자야바르만 8세
» 구조 : 전체 규모 17만여 평, 외부 성벽 4개, 내부 성벽 가로 700m, 세로 800m

자야바르만 7세가 아버지에게 바친 이 사원은 앙코르 톰과 같이 왕궁 구조다. 9세기 말 자야바르만 2세가 나라를 굳건히 지키라며 아들에게 신성한 검이란 뜻의 쁘리아 칸을 주었다. 이후 12세기 후반에 이르러 자야바르만 7세가 이곳을 건축하면서 쁘리아 칸이란 이름을 붙였다.

왕은 동문으로 출입했고, 신하들은 서문으로 출입했다. 서문에서 중앙으로 들어갈수록 문의 높이가 낮아진다. 왕에게 다가갈수록 머리와 허리를 굽히도록 설계를 했다고 한다.

이곳은 앙코르 톰, 앙코르와트 다음으로 세 번째로 크다. 참배나 예배를 위한 기능보다는 사람들이 실제 거주했던 도시 사원이다. 사원 안에는 농민과 노예 10만 명이 거주했고, 승려와 무희가 9만 7천 명 있었으며, 근처에는 무려 60만 명이나 살았다고 한다.

반띠 삼레(Banteay Samre)

» 뜻 : 삼레족의 성곽
» 시기 : 수리야바르만 2세
» 구조 : 앙코르와트의 축소판

앙코르와트의 축소판이라고 할 만큼 닮아 있는 이곳은 앙코르와트를 지은 수리야바르만 2세가 지었으며, 중앙탑 역시 크기는 작으나 앙코르와트의 중앙탑과 구조나 형태가 똑같다.

프놈 꿀렌을 거점으로 한 소수 부족인 '삼레족의 성곽'이란 뜻을 가지고 있으며, 비슈누에게 바친 사원이다. 안으로 들어서면 지금은 말라 버린 해자가 있고, 해자를 건너면 도서관과 중앙탑이 나온다. 도서관과 중앙탑에 조각이 있고, 중앙탑 기단 위에는 원추형 연꽃이 있다.

니악 뽀안(Neak Poan)

» 뜻 : 따리를 튼 뱀
» 시기 : 자야바르만 7세
» 구조 : 정방형과 원으로 이루어진 만다라 구조

위에서 원형 계단을 내려다보면 뱀 두 마리가 서로 엉켜 교미를 하고 있다. 앙코르 제국 때 뱀을 뜻하는 나가(Naga)는 뱀이라는 뜻 이외에 '용왕', '물의 정령'이란 뜻도 가지고 있었다. 이들에게 뱀은 저주와 공포의 대상이 아니라 사원과 도시를 지켜 주는 수호의 상징이 크다.

이곳은 석가에게 바친 사원으로, 연못 가운데에 중앙탑이 있다. 탑신 벽면에는 석가의 삭발 장면과 출가하여 순례하는 모습, 깨달음을 얻기 위해 명상에 잠긴 석가를 보호하는 머리가 여섯 개 달린 뱀을 묘사한 석가의 일대기가 새겨져 있다. 서쪽에는 말 형상이 있고, 말꼬리에는 사람 형상이 있다. 섬을 향해 헤엄쳐 오고 있는 말은 관세음보살의 현신인 바라하(Balaha)이고, 불운한 동료 상인 심하라(Simhalar)를 구하기 위해 말로 태어났다고 전해진다. 중앙 연못의 물이 작은 연못으로 빠져나가는 곳에 감실을 두었다. 순례자들이 이 감실에서 손을 씻으며 그동안 지은 죄를 씻었다고 한다.

외곽 앙코르

프놈 꿀렌(Phnom Kulen)

» 시기 : 자야바르만 2세
» 높이 : 해발 487m
» 입장료 : 별도 입장료 20달러

이곳은 초기 석산 유적지라고 불리며 앙코르 유적지의 석재를 보급했던 곳으로, 자야바르만 2세가 시바 링가 사원을 짓고 크메르 왕조의 창건을 선포하는 제를 지낸 곳이라고 전해진다. 석재를 운반했던 곳인 만큼 거대한 바위가 아직도 많이 남아 있다. 당시에는 코끼리나 물소를 이용해 돌을 운반했고, 비가 많이 오는 우기에는 강에 뗏목을 이용해 운반했다고 한다.

이곳에는 끄발 스피언처럼 많은 링가를 조각해 놓았다. 링가 위를 흐른 물은 성스러운 물이 된다고 여긴다. 위의 작은 폭포는 약 5m, 아래 큰 폭포는 15~20m 정도다. 산 정상에는 5m 이상 되는 황금 와불과 사찰이 있다. 이 사찰과 와불은 앙코르 유적이 아니다. 자야바르만 2세는 크메르 왕조의 발상지이자 성지인 이곳에 왕조를 세웠다. 위대한 앙코르 제국의 첫걸음이 여기서 시작되었다.

반띠 스레이(Banteay Srei)

» 뜻 : 여자의 성(城)
» 시기 : 라젠드라바르만(Rajendravarman)
» 구조 : 사각형, 외부 담과 내부 담 사이에 해자

시바에게 바친 사원으로 크메르 예술의 극치이며, '크메르의 보석'이라는 찬사를 받는 곳이다. 작은 틈도 허용하지 않은 조각들로 빼곡히 채워져 있다. 붉은색을 띠는 사암(장미석, Pink Sandstone)으로 사원 전체를 지었다.

특이하게도 이 사원은 왕이 아닌 승려인 야즈나바라가 지었다. 바라문교 승려였던 그는 하르샤바르만 2세의 손자다. 권력이나 권위를 내세웠다기보다는 예술에 좀 더 무게를 두고 건축했다. 규모가 작은 이유는 왕이 지은 것이 아니기 때문이다. 어디에서도 볼 수 없는 탁월한 조각미를 가지고 있다.

끄발 스피언(Kbal Spean)

» 뜻 : 끄발 → 머리, 스피언 → 다리(bridge)
» 시기 : 우다야티야바르만(11~12세기 추정)
» 의미 : 고대 왕가의 제를 올리던 신성한 곳

시엠립에서 약 50km 떨어진 곳이다. 반띠 스레이와 함께 묶어 관람하면 좋다. 이곳에 들어서면 맑은 물이 흐르고, 작은 폭포가 나온다. 얕은 물이 흐르는 계곡 속으로 수많은 조각들이 새겨져 있다. 마치 산 하나가 거대한 신전처럼 느껴진다. 시엠립 강의 시원격인 이곳의 물을 메루산의 물처럼 여겨 힌두신과 링가(Linga), 요니(Yoni)를 조각했다고 한다. 요니는 사각형이고, 링가는 원형의 돌기 모양이다. 시바의 창조력을 상징하는 링가는 남성 성기 형상의 돌로, 끝이 매끄럽고 둥근 원통 모양을 하고 있다. 요니는 시바의 아내인 파르바티의 성기를 상징한다. 정육면체의 돌이나 정사각형의 평평한 평면으로 표현되어 있다.

벵 멜리아(Beng Mealea)

» 뜻 : 연꽃무늬 연못(벵 → 연못, 멜리아 → 연꽃)
» 시기 : 수리야바르만 2세
» 규모 : 가로 1,025m, 세로 875m
» 입장료 : 별도 입장료 5달러

미야자키하야오 감독의 〈천공의 섬 라퓨타〉의 모티브가 되었다고 하는 이곳은 앙코르와트와 비슷한 구조로, 폭 45m 해자에 둘러싸여 있다. 이곳은 복원이 완료되지 않아 길이 미로처럼 엮어 있다. 사원 내부는 수중 도시다. 건물의 아래까지 물을 채워 건물과 건물 사이에 돌다리를 놓았다. 하지만 지금은 물이 모두 말라 버렸고 석교의 흔적만 남았다.

똔레삽(Tonle Sap)

» 면적 : 2,700km²
» 의미 : 아시아 최대 호수
» 입장료 : 1인당 20달러, 보트 10달러

앙코르와트에 발을 디뎠다면 똔레삽 호수를 가지 않을 수 없다. 아시아 최대의 호수인 이곳에는 베트남 보트피플이 수상가옥을 짓고 살고 있다. 가정집, 학교, 우체국 등 없는 것이 없다. 배를 타고 수상가옥촌을 지나면 끝없이 펼쳐진 수평선을 만난다. 마치 잔잔한 드넓은 바다에 이른 것 같다.

똔레삽은 캄보디아의 수도 프놈펜과 시엠립을 이어 준다. 프놈펜과 시엠립을 오갈 때 육로를 이용할 수도 있지만 여객터미널에서 여객선을 타고 이동할 수도 있다.

가끔 아이들이 세숫대야에 몸을 맡긴 채 노를 저어 이동하는 모습을 볼 수 있다. 이곳의 백미는 뙤약볕이 내리쬐는 한낮보다는 석양이 지는 노을이다. 호수로 나간 배들이 석양을 가르며 선착장으로 회항하는 모습이 인상적이다.

여행에 필요한 크메르어

[인사]

예 ** បាទ, ចាស** (밧, 짜) (yes)

아니오 **ទេ, អត់មាន, គ្មាន** (떼, 엇떼, 크미은) (no, not)

안녕? **សួស្ដី, សុខសប្បាយជាទេ?** (수어스데이, 속쏘바이 찌어떼)
   (hello, how are you)

감사하다 **អរគុណច្រើន** (어꾼찌란) (thanks)

괜찮다 **មិនអីទេ, កុំបារម្ភមណា៎** (먼아이떼, 꼼 바럼) (never mind, not at
   all)

미안하다 **សុំទោស, សាកសួជាយ** (솜또, 사욱스다이) (sorry)

실례, 무례 **ភាពឥតគួរសម** (프읍 엇꾸어쏨) (discourtesy)

[호칭]

나 **ខ្ញុំ** (크녀옴) (I)

너, 당신 **អ្នក, លោក** (네악, 로옵) (you)

우리 យើង, ពួកយើង (여응, 뿌어웅) (we, us)

애인 គូរស្នេហ៍ (꾸스나에 하) (lover)

나쁜 사람 មនុស្សមិនល្អ (머누 먼러) (bad person)

미녀 ស្ត្រីស្រស់ស្អាត (스레이싸앗) (beautiful lady)

미남 បុរសសង្ហា (보라썽하) (handsome man)

아가씨 ស្ត្រីក្មេង (스레이 크메잉) (young lady)

아저씨 ឪពុកមា, ពូ (어뿍미어, 뿌) (uncle)

청년 យុវជនក្មេង (윳 에아쭌 크메인) (young man)

처녀 ក្រមុំព្រហ្មចារីយ៍ (끄로몸쁘롬너짜레이) (virgin girl)

총각 បុរសរលីវ (부어러너으리우) (unmarried man)

[가족]

가족 ក្រុមគ្រួសារ (끄롬 끄루어싸) (family)

아버지 ឪពុក, ប៉ា (어뿍, 빠) (father)

어머니 ម្ដាយ, ម៉ាក់ (마다이, 마) (mother)

언니 បងស្រី (벙 스레이) (elder sister)

남동생 ប្អូនប្រុស (온 쁘로) (younger brother)

여동생 ប្អូនស្រី (온 스레이) (younger sister)

자매 បងប្អូនស្រី (벙뽀온스라이) (sisters)

사촌 បងប្អូនជីដូនមួយ (봉 뽀온 찌돈 무이) (cousin)

삼촌 ឪពុកមា, ពូ (어뿍미어, 뿌) (uncle)

조카 ក្មួយប្រុស (크무이쁘로) (nephew)

아내 ប្រពន្ធ, ភរិយា (쁘로뿐, 페아리이어) (wife)

남편 ប្ដី, ស្វាមី (쁘데이, 스와 머이) (husband)

아기 ទារក (띠어루어) (baby)

아들 កូនប្រុស (꼰 쁘록) (son kUnRbus)

딸 កូនស្រី, បុត្រី (꼰 스레이, 벗뜨라이) (daughter)

[감정]

나쁘다 អាក្រក់ (아 끄럭) (bad)

부끄럽다 គួរឱ្យខ្មាស់ (꾸어 아오이 크마) (shameful)

부드럽다 ទន់, ជ្រាយ (뚠, 쯔리에이) (soft)

사랑 ស្រឡាញ់ (스롤란) (love)

슬프다 ក្រៀមក្រំ, ទុក្ខព្រួយ (끄리음 그롬, 뚝 쁘루이) (sad)

아늑하다 កក់ក្ដៅ, ផាសុខភាព (꼭 끄다으, 파 쏙코피읍) (cozy)

예쁘다 ស្អាត, ស្រស់ (싸앗, 스로) (pretty)

울다 យំ, ពបេ (윰, 뻬입) (cry, weep)

위로, 위문하다 លួងចិត្តជំ, លួងលោម (루웅 쩟, 루웅 로움) (console)

좋아하다 ចូលចិត្តជំ (쫄쩟) (like)

좋다 ល្អ, ប្រពៃ (러어, 쁘로뻬이) (good)

천천히 យឺតៗ (윳-윳) (slowly)

편하다 ស្រួល, កក់ក្ដៅ (스루을, 꼭끄다으) (comfortable)

행복하다 **សប្បាយ, រីករាយ** (쌈바이, 어릿어리에이) (happy)

홍분 **ការរំភើប** (까룸펍) (excitement)

화나다 **ខឹង, ខ្ញាល់** (캉, 크냐을) (angry)

[일상]

선물 **អំណោយ, រង្វាន់** (엄나오이, 으룽완) (present, gift)

사다 **ទិញ, ជាវ** (뗀, 찌으) (buy, purchase)

깎다 **កាត់, បញ្ចុះថ្លៃ** (깟, 벤쪼 덤라이) (cut, discount)

비싸다 **ថ្លៃ** (틀라이) (expensive)

조금 더 **ថែមបន្តិចទៀត** (타임번 띠웃) (little more)

덥다 **ក្តៅ** (끄다으) (hot)

춥다 **ត្រជាក់** (뜨로찌아) (cold)

착하다 **សុភាព** (쏘피읍) (gentle)

친절 **ភាពសប្បុរសធម៌** (피읍 섭보 라쓰토아) (kindness)

불친절 **ភាពគ្មានមេត្តា, ភាពមិនសប្បុរស** (피읍 크미은 메따, 피읍 먼 썹보로) (unkindness)

강하다 **ខ្លាំង** (클랑) (strong)

거칠다 **គគ្រើម, គ្រោតគ្រាត, ពិបាកខ្លាំ, មិនពិរោះ** (꼬끄러음, 끄로웃끄리웃, 삑 바앗뜨로엄, 먼 삑으루엇) (rough)

고집 **រឹងចចេស, រឹងរូស** (피읍 쫄 쩨, 으룽 룹) (stubbornness)

드세다 **ពេញដោយអំណាច, កម្លាំង** (삔 다오이 엄낫, 꼼랑) (powerful)

잘못되다 ជំលេភាន់ធូរទ្រុំ (다엘토암쯔럴럼) (erroneous)

잠 ដេក, គេង (께잉, 데잇) (sleep)

피로 ភាពអស់កម្លាំង (피읍 아 껌랑) (exhaustion)

[식사]

아침식사 អាហារព្រឹក (아하쁘럭) (breakfast)

점심 អាហារថ្ងៃត្រង់ (아하 틍아이 뜨렁) (lunch)

고기 សាច់, ត្រី (쌋, 뜨라이) (meat, fish)

계란 ស៊ុត (숫) (egg)

당근 ការ៉ុត (까롯) (carrot)

라면 មី (미) (instant noodle)

물 ទឹក, គង្គា, ស្រាចទឹក (떡, 꿍끼어, 스라으떡) (water)

밥 បាយ (바이) (cooked rice)

빵 នំប៉័ង (놈빵) (bread)

술(독주) ស្រា, ស៊ូរ៉ា (스라, 쏘라) (liquor)

쇠고기 សាច់គោ (쌋꾸) (beef)

오이 ផ្លែត្រសក់ (플라에 뜨로쏘) (cucumber)

그릇 ចានគាម, ផ្តិល (짠꾸움, 프똘) (bowl)

젓가락 ចង្កឹះ (쩡꺼) (chopstick)

접시 ចាន (짠) (plate, dish)/ចានគាះហារី (짠) (dish)

컵 កែវ (까에으) (glass)

고춧가루 ម្ទេសស្រួច (맛떼-머싸으) (grounded chili)

소금 អំបិល (암벌) (salt)

설탕 ស្ករស (스꼬쏘) (sugar)

고르다, 선택하다 ជ្រើសរើស (찌러르) (choose)

과음 ផឹកច្រើនជ្រុល (팍 찌란 쭈를) (over drinking)

달다 ផ្អែម (프아엠) (sweet)

마시다 ផឹក, ភេសជ្ជៈ (퍽, 페쓰찌아) (drink)

맛 រសជាតិ, គុណភាពរសជាតិ (루 찌옷, 플루어 루 찌옷) (taste)

매콤하다 គ្រៀងទេសហិល (끄롱 떼 할) (hot spicy)

먹다 ញ៉ាំ, ស៊ី, ហូប, ឆាន់, ពិសា (냠, 씨이, 삑싸아, 홉, 찬) (eat)

부딪치다 បុក, ជល់, ទង្គិច (벅, 쭐, 뚱껫) (bump, collide)

짜다 ប្រៃ (쁘라이) (salty)

[물건]

가방 ថង់, កាបូង, ហោប៉ៅ (까다앗, 펑, 까롱 바으) (bag)

금반지 ចិញ្ចៀនមាស (쭌 찌옹 미어) (gold ring)

공책 សៀវភៅសរសេរ (시워 퍼 쏘세이) (note book)

목걸이 ខ្សែក (싸에 꼬) (necklace)

바지 ខោជើងវែង (까오 쩡 웨잉) (trousers)

반지 ចិញ្ចៀន (찐찌은) (ring)

사진 ថតរូប (으룹 덧) (photo)

엽서 កាតប៉ុស្តកាល់ (깝 뽈 스꼬알) (postcard)

신발 ស្បែកជើង (스바이쩌웅) (shoes)

옷, 의복 សំលៀកបំពាក់ (섬리어 범뻬아) (clothes)

지갑 កាបូបនារី (까봅 니어리) (purse)

책 សៀវភៅ, ក្បួន (시우퍼으, 끄분) (book)

펜 ប៊ិច (빗) (pen)

편지 លិខិត (릭컷) (letter(mail))

화장 តុបតែងមុខ (똑따잉묵) (make up)

[신체]

머리 ក្បាល (끄바으) (head)

얼굴 មុខ (묵) (face)

손 ដៃ (다이) (hand) / 팔 ដៃ (다이) (arm)

발 ជើង (쩌웅) (leg) / 다리 ជើង (쩌웅) (foot)

가슴 ដោះ, សុដន់ (도오, 쏘돈) (breast)/ 유방 ដោះ, សុដន់ (더, 소던) (breast)

배, 복부 ពោះ [뿌어]

허리 ចង្កេះ (쩡께) (waist)

눈 ភ្នែក (프네익) (eye)

코 ច្រមុះ (쯔로모) (nose)

입 មាត់ (모앗) (mouth)

귀 ស្លឹកត្រចៀក (뜨로찌으) (ear)

이빨 ធ្មេញ, ទន្ត (트민, 똔) (tooth)

손톱 ក្រចកដៃ (끄로쪼다이) (finger nail)

발톱 ក្រចកមជើង (끄로쪼 메이쩌웅) (toe nail)

머리카락 សក់ (쏙) (hair)

피부 ស្បែក (쓰바익) (skin)

땀 បែកញើស, ញើស (바잇녀어, 녀어) (sweat)

마음 ចិត្ត, បេះដូង, គំនិត (찟, 베동, 꿈닛) (heart, mind)

마음 아프다 ដែលតានតឹង, ដែលទុក្ខព្រួយលំបាប់ (다엘 딴 떵, 다엘 뚝 쁘루이 츠 짭) (distressed)

[아플 때]

건강 សុខភាព (쏙 끄피읍) (health)

건강하다 ដែលមានសុខភាពល្អ (다엘미은소코피읍 러어) (healthy)

기침 ក្អក [꼬오]

설사 ជម្ងឺរាក (쭘느으 리어) (diarrhea)

소화 ការរំលាយអាហារ (까아 으럼루에이 아하) (digestion)

아프다 ឈឺ, ជម្ងឺ (츠으, 쭘느) (sick, ill)

약 ថ្នាំពេទ្យ (트낭 뻿) (medicine)

열, 열기 កំដៅ [꼼다으]

콧물 សំបោរ (썸바오) (nasal mucus)

호흡 ដកដង្ហើម (도우덩하음) (breathe)

[관공서]

공항 អាកាសយានដ្ឋាន, ព្រលានយន្តហោះ (아까시은네탄, 쁘롤리은
윤허) (airport)

경찰 ប៉ូលីស, នគរបាល (뽈리, 넛꼬오 발) (police)

병원 មន្ទីរពេទ្យ (먼띠 뻿) (hospital)

[장소]

극장 មហោស្រព (모하우스롭) (theatre)

백화점 ហាង (항) (department store)

우체국 ប៉ុស្ដិ៍ប្រៃសណីយ៍ (뽀쁘라이썬니) (post office)

은행 ធនាគារ (터네어끼어) (bank)

식당 ភោជនិដ្ឋាន (포 쩬네야탄) (restaurant)

시장 ផ្សារ, ទីផ្សារ (프싸, 띠프싸) (market)

호수 បឹង (벙) (lake)

[날짜]

월요일 ថ្ងៃចន្ទ (틍아이 짠)(Monday)

화요일 **ថ្ងៃអង្គារ**(틍아이엉끼어)(Tuesday)

수요일 **ថ្ងៃពុធ** (틍아이뿟)(Wednesday)

목요일 **ថ្ងៃព្រហស្បតិ៍** (틍아이 쁘로호)(Thursday)

금요일 **ថ្ងៃសុក្រ** (틍아이 쏙)(Friday)

토요일 **ថ្ងៃសៅរ៍** (틍아이 싸으)(Saturday)

일요일 **ថ្ងៃអាទិត្យ** (틍아이 아띳) (Sunday)

오전 **ពេលព្រឹក** (뻴 쁘럭) (morning)

오후 **ថ្ងៃត្រង់** (틍아이 뜨렁) (afternoon)

저녁 **ល្ងាច** (릉이엣) **នាពេលល្ងាច** (니어뻴룽이엣) (evening)

밤 **យប់, រាត្រី** (욥, 리엇뜨라이) (night)

새벽 **ភ្លឺស្រាងៗ** (플러으 스랑스랑) (daybreak, dawn)